U0199081

# 注空气开发理论与技术

廖广志　王红庄　王正茂　等编著

石油工业出版社

## 内容提要

本书以注空气开发理论与技术研究和试验进展为重点，从空气原油全温度域氧化反应理论、空气驱理论、空气火驱理论、空气驱油技术、减氧空气驱油技术、空气火驱技术、前景展望等方面对注空气技术进行了论述，并详细总结剖析了实验和开发试验情况及目前存在的问题。

本书可供从事石油开发的科技人员及石油院校相关专业师生参考阅读。

## 图书在版编目（CIP）数据

注空气开发理论与技术 / 廖广志等编著 . —北京：

石油工业出版社，2020.9

ISBN 978–7–5183–4076–7

Ⅰ . ① 注… Ⅱ . ① 廖… Ⅲ . ① 注气（油气田）– 注空气

Ⅳ . ① TE357.7

中国版本图书馆 CIP 数据核字（2020）第 117188 号

出版发行：石油工业出版社

（北京安定门外安华里 2 区 1 号　100011）

网　　址：www.petropub.com

编辑部：（010）64210387　　图书营销中心：（010）64523633

经　　销：全国新华书店

印　　刷：北京中石油彩色印刷有限责任公司

2020 年 9 月第 1 版　2020 年 9 月第 1 次印刷

787×1092 毫米　开本：1/16　印张：11.5

字数：240 千字

定价：118.00 元

# 序

习近平总书记指出，创新是引领发展的第一动力，是建设现代化经济体系的战略支撑，要瞄准世界科技前沿，拓展实施国家重大科技项目，突出关键共性技术、前沿引领技术、现代工程技术、颠覆性技术创新，建立以企业为主体、市场为导向、产学研深度融合的技术创新体系，加快建设创新型国家。

科技是国之利器，国家赖之以强，企业赖之以赢，人民生活赖之以好。中国石油的发展史就是一部科技不断创新和进步的历史。中国石油能否在关键核心技术领域实现重大突破，决定着公司整体科技创新能力和国际竞争力的提升，决定着公司主营业务高质量发展。

"问渠哪得清如许，为有源头活水来"。面对国内石油资源品质劣质化越发明显、油气开发难度进一步加大等挑战，中国石油就新区产能建设如何规模有效开发动用以往无法动用的大量稠油、超稠油、低渗透、特低渗透、致密油等低品位资源，老油田如何继续提高采收率以充分挖掘剩余资源的潜力，精心谋划、长远布局、重点攻关、技术创新、成效显著。从 2005 年开始，中国石油勘探与生产分公司组织油田公司、各级研究院所，瞄准油田开发中迫切需要解决的重大技术难题，着力突出"重"（分量）和"大"（规模）的辩证关系，立足松辽盆地、鄂尔多斯盆地、渤海湾盆地和准噶尔盆地等大型含油气盆地，按照资源潜力大、规模效益好的筛选标准优选区块，积极寻找战略性接替技术，进行试验技术攻关和成熟技术工业化推广，实现油田开发方式的重大变革。中国石油在水介质类、化学 / 生物介质类、气介质类、热能量类和天然能量类（含非常规 / 特殊岩性）等五大类 17 大项上开展现场试验攻关；长庆油田超低渗透油藏开发技术、大庆油田三元复合驱技术、辽河油田和新疆油田超稠油蒸汽辅助重力泄油技术、吉林油田 $CO_2$ 驱技术等取得重大成果，都已进入工业化生产；火驱、二元驱、减氧空气驱和天然气混相驱试验均取得了重大突破，有望近期大规模工业化应用。

　　以空气为介质的开发和提高采收率技术体系是一项富有创造性的提高采收率新技术，具有高效、低成本、绿色的特点，是低渗透、高含水、高温高盐、稠油和非常规等特殊条件油藏的战略性开发技术，具有广阔的推广应用前景。《注空气开发理论与技术》一书是对空气驱、减氧空气驱及空气火驱技术攻关研究与矿场试验成果的系统性总结和提炼，认真梳理了在注空气开发中形成的新理论、新技术和新装备，这项工作具有十分重要的意义。

　　祝贺《注空气开发理论与技术》一书付梓，期望本书能够指导今后注空气技术的发展，并对国内外从事开发和提高采收率工作的科技和生产人员有所启发。期望广大科研技术人员再接再厉、不断创新，面对不断变化的油气开发形势，面向以智能化为代表的未来油气技术革命，不断在关键核心技术攻关中结出硕果。

李鹤光

2020 年 5 月 11 日

# 前言

　　注气提高采收率技术是国内外广泛应用的三次采油技术，包括 $CO_2$ 驱、天然气驱、空气驱、氮气驱、烟道气驱等。国内大庆油田曾进行 $CO_2$ 驱和天然气泡沫驱试验，中原油田和百色油田进行了空气驱试验，推动了注气提高采收率技术的进步。2007 年中国石油设立了吉林油田黑 59 和黑 79 $CO_2$ 驱重大开发试验，2009 年设立了新疆油田红浅 1 区火驱重大开发试验，2013 年设立了塔里木油田东河塘天然气重力混相驱重大开发试验。这些试验在注气介质的选择、方案设计、地面工程、注采调控等方面进行了大胆的创新和探索，推动了气驱技术在国内的快速发展。

　　与其他气体介质相比，空气具有不受环境和气候影响、易得且组分稳定、不需要介质成本的特点，近年来以空气为介质的提高采收率技术得到快速发展。注空气项目包括空气驱、减氧空气驱、空气火驱等，是富有前景的提高采收率新技术。该项技术适应的油藏类型广、油品种类多，既可用于二次采油，也可用于三次采油；既可以解决特 / 超低渗透和致密油藏的有效动用，又能实现中高渗透油藏或潜山油藏开发中后期技术的战略接替，在低品位、致密油有效开发动用方面较水驱更具有独特的优势。目前，注空气开发技术基本做到了"安全可控、腐蚀可防、驱油有术、成本有效"，是同注水开发类似的具有普适性、低成本、高效益、绿色的提高采收率技术。在技术攻关的同时，中国石油针对不同岩性、不同流体的油藏，先后设立了长庆油田五里湾 zj53 区、大港油田官 15-2 块、吐哈油田鲁克沁玉东 204 块、华北油田任 9 潜山、青海油田尕斯库勒、长庆安塞油田、青海昆北油田切 12 等减氧空气驱重大开发试验，以及新疆风城油田重 18 井区重力泄油、辽河油田曙 1-38-32、吐哈鲁克沁油田东区、辽河油田锦 91、辽河油田庙 5、华北蒙古林油田等火驱重大开发试验。2019 年中国石油正在运行的注空气开发项目共 16 项，年产油已经达到百万吨规模。

本书共八章，包括了注空气开发技术现状及适用条件、空气原油全温度域氧化反应理论、空气驱理论、空气火驱理论、空气驱油技术、减氧空气驱油技术、空气火驱技术、注空气技术前景展望，是对注空气开发理论与技术的全面总结，突出了中国石油注空气重大开发试验中技术攻关、矿场试验、工业化推广过程中所取得的新理念、新认识、新技术、新方法、新产品，对中国石油注空气提高采收率技术的发展具有指导性作用。

　　本书第一章由廖广志、刘卫东、丛苏男等编写；第二章由廖广志、王红庄、王正茂、唐君实等编写；第三章由李宜强、杨永智、刘哲宇、陈小龙等编写；第四章由关文龙、潘竟军、唐君实、李忠权、李洪奎编写；第五章由王伯军、刘卫东等编写；第六章由杨怀军、蒋有伟、王伯军等编写；第七章由潘竟军、关文龙、唐君实等编写；第八章由王正茂编写。全书由廖广志、王红庄、王正茂统稿。

　　在本书编写过程中，得到了中国石油勘探与生产分公司、中国石油勘探开发研究院、中国石油规划总院、中油济柴成都压缩机分公司以及中国石油相关油田分公司的大力支持，在此一并表示衷心感谢！

　　由于编者水平有限，错误和不当之处在所难免，敬请读者批评指正。

# 目录

## 绪论

## 注空气开发理论

# 注空气开发技术

# 前景展望

# 绪 论

1958年
8月30日

中国第一次火烧油层，玉门石油沟 52 井

1953年
12月

中国第一次油田顶部注气，玉门老君庙 41 井

——引自玉门油田展览馆图片展示

# 第一章　注空气开发技术现状及适用条件

以空气为注入介质的开发技术经过近 50 年的发展，减氧空气 / 空气驱、空气火驱等已经进行矿场试验和工业化推广应用。减氧空气 / 空气驱作为提高原油采收率的重要方法之一，通过大量的攻关研究和矿场试验，已被证实是一种成熟和有效提高原油采收率的技术手段，从而受到国内外油田公司的青睐。国内外通过气驱提高原油采收率技术的累计产油量在三次采油总产量中所占比例越来越大，但是 $CO_2$ 驱、天然气驱、氮气驱的工业化推广，受到气源或成本的限制，而空气驱和减氧空气驱具有适应的油藏类型广、油品种类多、注入的空气介质不受环境和气候影响、易得且组分稳定的特点，该类技术具有广阔的推广前景。空气火驱技术是一种重要的稠油热采方法，它通过注气井向地层连续注入空气并点燃油层，实现层内燃烧，从而将地层原油从注气井推向生产井。火驱过程伴随着复杂的传热、传质过程和物理化学变化，具有蒸汽驱、热水驱、烟道气驱等多种开采机理。火驱是一种重要的稠油热采方法。近些年来，国内稠油老区相继进入蒸汽吞吐后期，亟待转换开发方式。火驱技术因其特有的技术优势，有望成为注蒸汽开发后期稠油油藏最具潜力的接替开发方式。同时对于已发现的大量超稠油油藏，也有望通过水平井火驱辅助重力泄油技术实现有效动用。国内火驱技术研究开始于 20 世纪六七十年代，此后在经历了相当一段时间的低谷后，在最近十年又有大的发展，特别是近几年在中国石油重大开发试验的有力支持和推动下，火驱室内机理研究和技术攻关工作取得了长足的进步。注气、点火、跟踪监测与安全控制等配套工艺技术不断完善。以新疆红浅 1 井区为代表的系列火驱现场试验取得了明显的阶段性成果，火驱开发技术正受到越来越多的关注。

## 第一节　减氧空气／空气驱技术发展现状及适用条件

### 一、减氧空气／空气驱技术发展现状

空气驱和减氧空气驱以空气为注入介质，利用气体分子表面张力低、渗流阻力小、压缩系数高等特点，注入地层，补充地层能量，使空气沿高渗透孔道或垂向裂缝上浮至油层顶部，占据顶部空间，将注水难以波及的剩余油置换出来，并运移至油井采出，提高原油采收率。20 世纪 60 年代以来，减氧空气 / 空气驱作为一种新型、有效的提高采收率技术，在国内外进行了大量的研究，取得了丰富的研究成果和经验。矿场试验结果表明，

减氧空气/空气驱既可用于低渗透、特低渗透油藏开发，也可以用于中高渗透、高含水油藏提高采收率，是一项应用范围广泛的提高采收率技术[1, 2]。相对聚合物驱、聚合物/表面活性剂二元复合驱、碱/表面活性剂/聚合物三元复合驱，减氧空气/空气驱具有以下特性：一是纳米尺度的气体分子具有很好的注入性，特别是对低渗透油藏有更强的针对性；二是气体对油藏温度没有任何限制，适合任何温度的油藏；三是空气的自然属性优于其他物质，在自然界中取之不尽、用之不竭，而且是零成本的材料，绝对环保的材料。这些特性决定了该技术对低/特低/中高渗透"三类油藏"具有较强的针对性和适应性，具有广泛的应用空间，空气/减氧空气驱技术将是最具潜力的战略性接替开发技术。

### 1. 减氧空气/空气驱机理[3]

空气注入油层，氮气与原油一般只发生物理作用，基本不发生化学反应，但是氧气会与原油发生复杂的物理化学反应，反应会受到原油组分、地层水、岩石、黏土矿物、油层温度及油层压力等多种因素影响，因此空气驱的机理较为复杂，目前一般认为空气驱的机理主要包括以下方面：

（1）气驱作用。注入油层中的空气与原油发生反应，在油层温度较低（一般认为低于120℃）的条件下，空气中的氧气与原油发生加氧反应，生成醛、酮、醇等产物，这些产物可能进一步氧化，生成部分 CO 及 $CO_2$，空气中的氧气被消耗，剩余 $N_2$ 和少量生成的 CO 及 $CO_2$ 对原油起到驱动作用。在油层温度较高的条件下，长期注入空气可能导致原油自燃，成为火驱，燃烧后形成烟道气，起到烟道气驱的作用。

（2）维持和增加油藏压力。注空气可以维持和增加油藏压力，特别是对低/特低渗透油藏，水驱注采井间连通性差，压力传导受到阻碍，无法形成有效的注采压力系统，而注空气注采井间能够形成有效的注采压力系统，从而使油井保持较高的产能。

（3）气体溶解作用。$N_2$ 和 $CO_2$ 在油藏条件下溶解到原油中，可以显著降低原油黏度，同时使原油体积膨胀，增加原油流动能力。

（4）与原油作用形成混相驱。在较高的油藏压力条件下，$N_2$ 或烟道气可以与原油发生近混相作用，可以大大提高原油的采收率。

（5）抽提作用。$N_2$ 或烟道气可以将原油中的轻质组分抽提出来，抽提出来的轻质组分对远端油藏中的原油起到稀释降黏和驱替作用。

（6）低温氧化（热效应）作用。在适合的油藏温度（大于120℃）下，原油与空气中的氧气发生低温氧化反应，部分油藏温度能够升高到200～350℃，形成热效应。在稀油油藏中，热效应的主要作用与稠油油藏不同，不是降黏作用为主，而是蒸馏作用占主导地位。蒸馏后油藏的残余油饱和度很低（能够低于5%），如此低的残余油饱和度是其他作用机理无法达到的。在油藏温度较低的条件下，原油难以自燃，而加氧反应等的放热量低，无法形成热效应。

近年来，国内外注空气开发技术研究和试验得到快速发展，根据油田地质条件复杂的特点，衍生出系列空气驱技术，主要包括高压注空气、空气泡沫驱、减氧空气驱、减氧空气泡沫驱、空气辅助蒸汽吞吐及空气辅助蒸汽驱等技术。除了空气驱本身具有的驱油机理外，与其他技术结合还具备的驱油机理有[4]：

（1）空气泡沫驱。空气泡沫驱是在空气驱过程中加入泡沫剂溶液，在实现空气驱机理的同时，起到抑制气窜、调整注入剖面、提高驱替压差、扩大波及体积的作用。

（2）减氧空气驱。在油层温度较低的情况下，无法实现"低温氧化"，仅通过原油与氧气的加氧反应，对氧气的消耗不彻底，一旦发生气窜，生产井氧含量过高，就可能引发安全事故。既然无法实现"低温氧化"过程，得不到热效应带来的额外采收率，还可能存在安全风险及腐蚀危害，就不如降低注入空气中的氧气含量到安全界限内。减氧空气是将空气中的氧气降低到安全界限内，不是生产高纯度 $N_2$，因此减氧空气的注入成本依然较注 $N_2$ 低得多。减氧空气驱机理与低温油藏空气驱机理基本相同。

（3）减氧空气泡沫驱。在减氧空气驱过程中加入泡沫剂溶液，起到抑制气窜和调整注入剖面、提高驱替压差、扩大波及体积的作用。

（4）空气辅助蒸汽吞吐。在蒸汽吞吐的高温下，注入的空气与稠油发生低温氧化反应，消耗掉氧气，产生少量 $CO_2$，起到气体辅助吞吐的作用。但在低温氧化条件下，稠油的黏度会有较大幅度的升高，黏度升高是否会造成储量损失，需要进一步研究。

（5）空气辅助蒸汽驱。在蒸汽腔高温下，注入的空气与稠油发生低温氧化反应，消耗掉氧气，产生少量 $CO_2$ 及剩余的 $N_2$，$N_2$ 能减缓油层上部热损失，提高蒸汽热效率，同时补充地层能量，提高泄油能力，减弱蒸汽黏性指进，促进汽腔均匀扩展。

油藏中优先进入高渗透层的氧气与原油发生低温氧化反应，使原油黏度大幅提高堵塞部分油层，起到的调剖作用，这是空气辅助蒸汽吞吐和蒸汽驱增产的关键作用。如利用杜84块原油，在不同温度下的氧化实验反映出，在150～250℃的温度条件下，空气/原油体积比分别为12和6，相当于蒸汽腔温度范围，原油氧化后黏度大幅升高，表现出氧化温度越高（在150～250℃实验温度范围内），氧化后相应黏度越高；空气体积比越高，氧化后黏度越高的趋势，蒸汽驱的驱油效率大幅下降。在原油与氧气的氧化反应中，催化剂具有促进反应发生、加快反应速度的作用，油藏各种黏土矿物中含有的某些金属离子具有催化剂的作用，但由于起到催化作用的金属离子较少，因此在实验室研究催化剂对氧化反应的发生非常必要。但是目前催化作用在实验室容器中是可以发生的，在实际生产中，催化剂随液体注入油藏，仅分布于井筒周围油层中，分布体积很小，而空气注入后波及的范围很大，因此催化剂在实际中的作用可以忽略，这是空气驱的一个重要的研究方向。

### 2. 减氧空气 / 空气驱技术特点

空气与其他气体、水、蒸汽及化学驱油介质相比，具有资源广阔不受限制、注入成本低廉等优势，与目前提高原油采收率技术中较广泛应用的氮气及二氧化碳相比，空气的优势更加明显，国内二氧化碳气田资源非常有限，如果引进化工、电力等企业排放的二氧化碳，气源不稳定且价格较高，注入油层中除一部分得到埋存外，大部分二氧化碳还要排出，这样把其他企业的碳排放变成了自己的碳排放，因此除非十分必要，引进二氧化碳用于驱油一定要慎重。目前采用天然气驱也存在气源紧张、气介质成本较高的问题。与氮气相比，注空气随油藏埋深的不同成本一般在 0.2 元 /m³ 左右，注入氮气国内平均成本为 1 元 /m³ 以上，是空气注入成本的 5 倍以上；减氧空气驱的注入成本（包括减氧成本）一般在 0.3 元 /m³ 左右，是氮气驱成本的 1/3 左右，正是空气的资源不受限制、注入成本低的优势，成为研究空气驱技术的巨大吸引力。

国内的大多数油藏由于低渗透、特 / 超稠油、高温、高盐的特性，使得聚合物驱、碱 /表面活性剂 / 聚合物三元复合驱、聚合物 / 表面活性剂二元复合驱等化学剂技术在现场应用中不能顺利实施，制约了化学驱技术的推广应用。单纯的气驱主要适用于轻质油提高采收率，作为一种新型的推广采收率技术，能有效解决常规注水保压作业困难的低渗透、超低渗透油藏，有效补充地层能量。同时空气驱自身相对 $CO_2$ 驱和 $N_2$ 驱等拥有气源丰富、可就地取材、无环境污染等优势，克服了传统注气工艺技术缺点，成为提高采收率技术的重要发展方向。空气驱代表着一种全新的提高原油采收率方法，通过近几十年的室内研究和现场试验，其被证实是安全有效的提高原油采收率技术，逐步形成一套成熟的理论。在这些理论的支撑下，近几年国内外油田空气驱项目成倍增长。如中国、美国、中东、北海、澳大利亚等国家和地区多个油田正在进行空气驱技术的研究与应用。在未来的一段时间内，空气驱技术的影响力将会进一步增强，越来越多的油田将会逐步采用这种提高原油采收率技术。减氧空气 / 空气驱技术是一项富有创造性的提高采收率新技术，它既可用于二次采油，也可用于三次采油。通过调整注入方式和空气泡沫注入比例，可以解决特 / 超低渗透和致密油藏的有效动用，实现中高渗透油藏或潜山油藏开发中后期开发技术的战略接替。该项技术适应的油藏类型广，油品种类多，注入介质空气不受环境和气候影响，易得且组分稳定，具有广阔的推广前景。

### 3. 国外减氧空气 / 空气驱研究及试验进展[5-12]

自 20 世纪 50 年代开始，Fried 等通过实验及理论分析等开始空气泡沫驱油的效果研究。1958 年，Bond 等通过对泡沫驱的研究，成功申请了第一份泡沫驱油的发明专利，激发带动了人们开始对空气泡沫驱的驱油技术及效果展开更深入广泛的研究。1965 年以来，国外的各石油公司相继开始进行泡沫驱油的室内实验，迄今，该技术研究已有 50 多年历史。国外由于油藏地质条件、流体参数等因素，采用泡沫驱长期采油的油田较少，报道的有美国伊利诺伊州的希金斯油田于 1976 年进行过泡沫驱的现场应用，驱油效果不错。国外空气驱技术主要为高压注空气技术（HPAI）。该技术最早始于 20 世纪 60 年代的美国，最著名的成功矿场试验是 1979 年开始的 Buffalo 油田高压注空气项目，项目位于美国 Williston 盆地南达科他州西北，目的层为 Buffalo 油田 Red River B 油藏，为碳酸盐岩储层，油藏埋深 2590m，油层有效厚度 4.6m，油层平均孔隙度 16%，油层平均空气渗透率为 10mD，原始含油饱和度为 50%，油藏原始压力为 24.8MPa，油藏原始温度为 100℃。在 Buffalo 油田共开展了 3 个高压注空气项目，分别是 Buffalo Red River Unit（BRRU 区块）、South Buffalo Red River Unit（SBRRU 区块）及 West Buffalo Red River Unit（WBRRU 区块），3 个项目面积共 134km$^2$，地质储量 2614×10$^4$t。BRRU 区块 1979 年开始注空气，SBRRU 区块 1984 年开始注空气，WBRRU 区块 1987 年开始注空气，平均单井注空气速度为 42000～54000m$^3$/d，累计注空气 67.9×10$^8$m$^3$，增产原油 246×10$^4$t，平均空气油比为 2760m$^3$/t，阶段增加采收率 9.4%。项目的成功实施，证明高压注空气在技术上和经济上都是成功的。分析该高压注空气项目的综合特点，认为油层中发生了明显的低温氧化反应，其热效应十分明显。从 WBRRU32-25 井、SBRRU24-36 井和 BRRU12-22H 井的产出气组分分析看，1999—2001 年 $CO_2$ 含量为 2%～6%，自 2002 年以后 $CO_2$ 含量上升并稳定在 12%～16%，反映出燃烧特征。3 个高压注空气项目生产气油比从 1987 年左右开始出现指数上升，表现出非混相气驱的特征，而到 2003—2005 年，生产气油比开始出现稳定或下降，反映出火驱生产的特征。注气井 BRRU14-22 井的更新井 BRRU14-22R16 井取心表明，距原井 44m 处岩心的含油饱和度仅为 4.9%，岩心矿物中出现高含量岩盐，也证明岩心经历了高温。由此可见，即使油藏温度高达 100℃，要发生原油的自燃也需要很长时间的热量不断积累，项目从 1979 年开始注空气，到 2002 年采出气 $CO_2$ 含量才升高，到 2003—2005 年才见到热效应对原油产量的贡献，因此原油自燃绝不是短时间内可以发生的。从岩心含油饱和度 4.9% 来分析，轻质原油自燃发生的是低温氧化反应，反应温度在 200～350℃，因此，岩心中还残留着 4.9% 的重质组分，如果是发生了高温氧化反应，其主要燃料是焦炭，反应后岩心中无碳氢化合物的残留，如新疆红浅 1 井区取心分析，岩心残余油为零。

20 世纪 60 年代以来，国外（主要在美国）针对注空气提高轻质油油藏采收率做了大量的研究工作，曾被列入美国能源部特别资助的提高采收率项目，先后对埋深 1890～3444m、原油密度为 0.830～0.8927g/cm$^3$ 的油藏开展了注空气采油现场试验，获得了较好的技术经济效果。从 1967 年开始，Amoco 公司、Gulf 公司和 Chevron 公司在美国先后对埋深 1890～3444m、原油密度为 0.8300～0.8927g/cm$^3$ 的油藏开展了注空气三次采油现场实验，增油效果明显。

### 4. 国内减氧空气 / 空气驱研究及试验进展[13-15]

国内在减氧空气 / 空气驱在技术研发的同时，开展了现场试验，在注空气开发油田的探究和试验方面做出了很多有益的探索，积累了一定的研究和实践经验，但都由于缺乏有效地组织和资金支持未能形成系统的开发理论、成熟配套的开发技术和工业化的生产规模。近年来在中国石油技术和资金的大力支持下，开展了大庆油田海塔高压注空气、长庆油田减氧空气泡沫驱、大港油田减氧空气泡沫驱、辽河油田空气辅助蒸汽吞吐和蒸汽驱等试验，这些试验目前都处于进行状态，取得了较好效果，初步结论认为减氧空气/空气驱适合低渗透、复杂断块、水敏油藏提高采收率，也适合于热采过程中辅助扩大蒸汽腔的扩展。中原油田、胜利油田和辽河油田等也开展了注氮气提高采收率技术的研究及小型现场试验；中原油田和百色油田开展过空气泡沫驱试验，在采油工艺、压缩机设备、地面管线和安全等方面总结出一些经验。中原油田开展的过空气泡沫驱试验，试验区块具有油藏深度深、地层压力高、压力大等特点。从 2005 年开始进行空气泡沫驱，取得了较好的开发效果。国内的新疆油田、吐哈油田、大庆油田、陕西延长油矿、广西百色油田、中原油田和胜利油田等先后进行了空气泡沫驱的室内及现场试验研究，积累了经验，为稀油油藏高压注空气在我国低渗透稀油油藏中的大规模应用发展奠定了基础。该区块在开发初期的开发方式为弹性开发，后转为注水开发。水窜后停止注水开发，改为空气驱，取得了较为良好的开发效果。减氧空气驱或者减氧空气泡沫驱先后在大庆油田、长庆油田、大港油田、吐哈油田、青海油田、华北油田、百色油田和河南油田等进行了现场试验和工业化推广，取得了良好的效果。20 世纪 70 年代末开始，国内也开始了稀油油藏空气驱的室内实验和现场试验，目前仅仅采用高压注空气采油成功的实例报道罕见，主要是由于地层条件、采油技术等一些原因。注空气作为一种新兴的提高采收率技术在许多低渗透稀油油藏中取得了很好的效果，高压注空气、空气泡沫驱、稠油注空气点火都属于空气驱的不同注入方式。其中高压注空气在国外半个多世纪大规模应用已被证明是在经济和技术上都可行的低渗透油藏提高采收率的方法之一，在我国从 20 世纪 80 年代开始在大庆油田、吐哈鄯善油田和延长油田等也进行了注空气的矿场试验，其中有的低渗透稀油油藏由于存在微裂缝、非均质性严重，则注空气易气窜，为了减缓气窜常加入泡沫即采用空气泡沫驱驱油，还发现少数低渗透稀油油藏由于地层温度低、埋藏深等，单纯注空气不能发生低温氧化反应，达不到自燃点火的温度，需要借助外力手段如人工点火来维持燃烧前缘的温度，再进行空气驱。目前针对不同方式的空气驱开发低渗透稀油油藏还没有形成比较完整的筛选方案。通过大量调研国内外油田空气驱矿场试验，总结了国内外高压注空气和空气泡沫驱的矿场实例及油藏参数等，分析了不同方式的空气驱开发低渗透稀油油藏的选择可行性，为今后相当长一段时期内开发低渗透稀油油藏提供了借鉴作用和依据。

## 二、减氧空气/空气驱技术适用条件

### 1. 国外减氧空气/空气驱技术适用油藏条件[16]

国外开展空气驱技术的国家主要是美国和俄罗斯。其中美国以 MPHU 油田、Horse Creek 油田、Coral Creek 油田和 WBRRU 油田为主开展注高压空气开发，原油采收率可以提高 10% 以上，油藏类型属高温低渗透油藏，油藏深度为 2500~2896m，油层厚度为 5.5~13.7m，孔隙度为 9%~22%，渗透率为 2~20mD，油藏温度为 110~121.6℃，油藏压力为 24.8～28.4MPa，原油密度为 0.8291～0.8753g/cm³，原油黏度为 0.48～2.06mPa·s（表 1–1）。

**表 1–1 美国典型低渗透油藏条件表**

| 油田名称 | MPHU | Horse Creek | Coral Creek | WBRRU | 应用范围 |
|---|---|---|---|---|---|
| 油藏顶部深度，m | 2896 | 2800 | 2651.8 | 2500 | 2500～2896 |
| 油层厚度，m | 5.5 | 6.1 | 13.7 | 13 | 5.5～13.7 |
| 孔隙度，% | 17 | 16 | 9～22 | 18 | 9～22 |
| 渗透率，mD | 5 | 10～20 | 2～8 | 10 | 2～20 |
| 油藏温度，℃ | 110 | 104 | — | 121.6 | 110～121.6 |
| 油藏压力，MPa | 28.4 | 27.0 | | 24.8 | 24.8～28.4 |
| 原油密度，g/cm³ | 0.8291 | 0.8658 | 0.8606 | 0.8753 | 0.8291～0.8753 |
| 原油黏度，mPa·s | 0.48 | — | — | 2.06 | 0.48～2.06 |
| 溶解气油比，m³/m³ | 93.5 | — | — | 21.4 | 21.4～93.5 |
| 原油地层体积系数 | 1.40 | 1.205 | | 1.16 | 1.16～1.40 |
| 一次采收率，% | 15 | 9.9 | 2.83 | 6.5 | 2.83～15 |
| 注空气增加采收率，% | 14 | 10.1 | 16.0 | 12.8 | 10.1～16 |
| 空气油比（AOR），m³/t | 1182.6 | — | 1060 | 1780 | 1060～1780 |

俄罗斯是以 Skhodnitsa、Gnedintsy、Cala、Sloss 和 Deli 等 5 个轻质油藏来开展注空气试验。油藏温度为 18～97℃，现场试验氧气完全消耗，可大幅度增加油井产量，一般在 2～4 倍，最高可达 5～8 倍；提高采收率 7%，可采出老油田剩余储量 40%～50%，经济效益明显好于注水开发（表 1–2）。

**表 1–2 俄罗斯注气油藏条件及应用效果表**

| 油田名称 | 油藏温度，℃ | 现场试验效果 |
|---|---|---|
| Skhodnitsa | 18 | 一些油井油产量增大了 5～8 倍，按实施区域计算增大了 3 倍 |
| Gnedintsy | 48 | 采收率增加了 7%；油井油产量最高增大了 2～4 倍，气体贡献大于 80%；氧完全消耗 |
| Cala | 36 | 油产量年增产达 24%；含水率下降了 34% |
| Sloss | 97 | 增加原油采收率为剩余可采储量的 43%，包括以气相形式产出的轻烃超过 30%，氧完全消耗 |
| Deli | 57 | 增加原油采收率约为剩余可采储量的 50%；油井油产量增大了 4 倍 |

近 50 年来，国外针对空气驱提高低渗透稀油油藏采收率做了大量的现场试验，取得了很好的效果，已被公认为是能够获得较高经济效益并且在技术上比较成熟可行的增加采收率的技术之一，尤其适用于高压低渗透稀油油藏。总结发现国外高压注空气适用的油藏条件为：

（1）油藏储层主要为砂岩和碳酸盐；

（2）油层厚度：3～24m，大约 70% 在 3～10m，油层厚度越大，驱油效果应该越好；

（3）油藏埋深为 1706～3658m，73% 的油藏超过 2000m；

（4）油藏温度为 85～104℃；

（5）原始地层压力为 15.7～35MPa；

（6）注入压力为 20～35MPa；

（7）油藏渗透率为 5～1000mD，多数位于 5～100mD；

（8）平均孔隙度为 14%～27%；

（9）原油地面相对密度为 0.831～0.946；

（10）地层原油黏度为 0.5～6mPa·s；适用于低渗透、特低渗透油藏的二次采油、注水后期油藏的三次采油。

## 2. 国内减氧空气 / 空气驱技术适用油藏条件

目前，我国在新发现的石油储量中，低渗透、特低渗透油藏占了很大的比例，这类油藏将是今后相当一个时期内增储上产的主要资源基础。由于该类油藏成岩作用强，胶结致密、孔喉细小、渗透率低，造成了注水开发过程中"注不进、采不出"等突出问题。对于低渗透、特低渗透储层来讲，气体是容易注入地层达到驱油和补充地层能量的首选驱替介质。低渗透油藏注水对水质要求很高，往往要求精细处理，而且需要加入特定的化学剂以防止"五敏"现象发生，注气开发油田能够有效地避免注水引起的盐敏、水敏、酸敏、碱敏等造成的对地层伤害，与水驱相比，注气已成为低渗透油藏开发不可替代的驱替技术。对于像陕北、海塔盆地等水资源紧缺，水处理难度大的油田，注气不需要建注水站、污水处理站以及注水配套的管线阀组等配套设备。多年来我国中高渗透油藏开发一直以注水开发为主，大部分油田都进入到中、高含水，甚至是特高含水期。产量在逐年递减，注入水无效循环，注水开发经济效益变差。大庆油田和大港油田等很多油田开展了聚合物驱工业化试验和应用，取得了很显著的成绩，但聚合物驱后仍有 50% 的剩余油滞留地下，聚合物驱后如何进一步提高原油采收率具有重要的实际意义和紧迫性。从理论上讲，空气驱不仅是提高水驱采收率的有效措施，也是聚合物驱后一项有效的提高采收率接替技术。由于我国目前天然气、二氧化碳地下资源有限，工业回收二氧化碳用于驱油还存在一些技术、经济问题，制氮成本又相对较高；只有空气来源广阔，不受地域和空间的限制，气源最丰富、成本最廉价，成为很受关注的气体注剂。

综合来看，减氧空气 / 空气驱适合以下油藏的开发：

（1）低渗透或超低渗透油藏（渗透率低于 50mD 或低于 1mD 的超低渗透油藏），对于这类油藏的开发方式，国内依旧延续注水开发方式维持地层能量，同时配合压裂、酸化、防膨等措施来维持油井的产液量，并取得了较好的开发效果，这种开发方式的原油采收率一般为10%～20%OOIP，经过长期的注水开发后，注入井的注入压力持续升高，注入性变差，频繁的压裂、酸化等措施的效果也逐年变差，继续维持注水开发，开发效果难以改善，因此低渗透油藏的开发方式需要改变，应转换为空气驱或泡沫辅助空气驱。

（2）复杂断块注水开发双高油藏（含普通稠油油藏），位于环渤海湾地区的大港油田、冀东油田和华北油田等均属于复杂断块油藏，储层非均质严重，经历了长期的注水开发后，目前处于中高含水开发后期，采出程度在30%以上，常规的三次采油技术面临着成本和效果的挑战，探索一种有效提高注水利用率、提高采收率的低成本三次采油技术，是这类油藏开发后期进一步提高采收率的迫切需求，该类油藏可开展空气泡沫驱。

（3）高温高盐油藏，这类油藏大部分埋藏深、储层温度多大于70℃（一般在70～120℃范围内），地层水矿化度一般在20000mg/L以上，现阶段的耐高温聚合物也仅仅是在70～90℃开展试验研究，其稳定性和经济效益还在探索之中，对于储层温度为90℃以上的油藏，目前还没有切实可行的提高采收率技术。从技术上讲，由于空气对温度没有上限要求，所以，以空气驱或空气泡沫驱为主体的三次采油技术，将是这类油藏提高采收率的主要的技术发展方向。

在现有成熟的三次采油技术系列中，筛选不出适合以上低渗透、复杂断块、高温高盐油藏可推广应用的高效、低成本的三次采油提高采收率技术，主要原因是：

（1）低渗透油藏的注水效果普遍偏差，采出程度低、开发效果差，由于注入性差，不适合应用聚合物驱技术。

（2）中高渗透油藏（包括复杂断块油藏）高含水开发后期，采出程度高、剩余油高度分散，且原油黏度高、流度控制难，常规化学驱成本高。

（3）对于高温70℃以上的高盐油藏，聚合物工业品尚不成熟，高温油藏的污水聚合物驱（含聚合物的二元、三元复合驱）技术在现阶段尚不能开展工业化应用；对温度在100℃左右的油藏，尚没有开发出适合的化学驱技术。

把空气注入低渗透稀油油藏后，注入地层中的空气中的氧气与原油在油藏温度下反应，即低温氧化反应，会产生热量生成烟道气，利用烟道气来驱替原油，相对于水驱和别的气驱相比，空气驱有以下优点：

（1）空气相对于水更易被注入低渗透油藏，建立合理的有效注采压差，可以解决"注不进"的矛盾。

（2）空气来源广泛、对环境污染小、在时间和地域上不受限制，特别适合水资源相对稀缺的油田开采。

（3）维持和提高油藏的压力，很好地补充地层能量。

（4）空气注入稀油油藏，在油藏温度和压力下很容易发生自燃，大部分油藏不需要人工点火，发生低温氧化反应，生成气体中的$CO$、$CO_2$和空气中的氮气形成烟道气来驱替原油。

（5）空气泡沫驱兼具有空气驱（低温氧化）、活性水驱和泡沫调驱（封堵）作用的优势，克服了注空气容易发生"气窜"的问题。

空气驱技术在国内主要应用于已开发油田提高采收率，现场应用发现的主要问题是腐蚀管柱泄漏及气窜问题，这些问题通过防腐气密封管柱、气水交替或泡沫辅助等技术措施可以得到一定解决。从应用对象看，国内普遍存在油藏温度较低、非均质性强、存在压裂裂缝、井距小、井网密等特点，采用高压注空气技术存在氧气消耗量低、无热效应及存在氧气气窜风险等问题，高压注空气技术中的低温氧化产生热效应的驱油机理在这些油藏并不存在。空气中氧气不能通过低温氧化产生热效应大幅度提高驱油效率而体现出氧气的优势，反而由于氧腐蚀、可能存在爆炸隐患等问题变成了劣势。因此，国内注空气技术在不大幅增加成本的基础上，许多项目选择了减氧空气驱，通过将空气中氧含量减至爆炸极限以下，降低了氧腐蚀速率，消除了爆炸隐患。减氧空气驱技术由于是非混相气驱，存在驱油效率较低的问题，因此在发展完善减氧空气驱技术的同时，稀油火驱技术的可行性也被提出，即通过人工点火，实现稀油稳定的低温氧化甚至高温氧化的可行性，如能实现其驱油效率会大幅度提高。目前看，空气驱技术的成本优势及提高采收率优势得到了广泛的关注，但空气驱技术在国内的发展才刚刚起步，仍需要在驱替机理、应用条件、工艺技术等多方面同时开展研究及实践。

（1）空气驱试验。

我国从2005年就开展了注空气驱试验，主要在陕北吴旗旗胜35-6井组和延长油矿唐80井组开展试注试验。油藏埋深分别为2250m和544m，油藏温度为72℃和24.8℃，原油黏度为2.13～3.37mPa·s，实施后均有不同程度的增油量，这些油藏应用条件说明了空气驱适应的油藏范围较宽。

（2）空气泡沫驱试验。

国内开展空气泡沫驱从应用的油藏条件上看，油藏埋深870～2150m，油藏温度在49.5～89℃，渗透率范围72～1568mD，地下原油黏度5.24～130mPa·s，实施前含水率在81%～95%，这些油藏应用条件同样说明空气泡沫驱适应油藏条件的范围很宽；从实施后各个区块的应用效果上看，均见到了不同程度的增油降水效果，增油量范围在700～25000t。

## 第二节　空气火驱技术发展现状及适用条件

### 一、空气火驱技术发展现状

#### 1.空气火驱机理[17-22]

火驱主要是利用油层原油的燃烧裂化产物作为燃料，利用注入空气，通过电加热点火或者化学点火的手段把油层点燃并维持不断燃烧，在这个过程中实现一个复杂的多种驱动作用，最终使火线不断推进到达生产井井底。

火驱的驱油原理是在一定的井网模式下，先往注入井中注入空气或者氧气等助燃气体，以便能够向油层提供燃烧所需的足够氧气和使燃烧过程中产生的尾气顺利排出，随后通过点火器不断加热地层，由于油层首先发生低温氧化并不断积累热量加之点火器的促进，燃烧区的温度会随时间不断升高，当温度高于原油燃点时就会发生高温氧化，瞬间点燃油层见火，这时控制足够的通风强度，使之逐渐形成一个具有一定面积的燃烧区和一个缓慢向前推进的燃烧前缘，也就是当确定火线建立时，停止注气井的加热，但继续加大注气量，稳定高温燃烧带，由注气井向生产井缓慢推进。

高温使近井地带的原油被蒸馏、裂解，发生各种高分子有机化合物的复杂化学反应，蒸馏后的轻质油、水蒸气与燃烧烟气驱向前方，与火线前缘的低温区进行岩石和流体的热交换，再次驱替油层原油，而蒸馏和裂化后残余的焦炭沉积在砂粒表面作为火驱燃烧的燃料继续燃烧，不断地产生采油所需要的热量维持油层继续向前燃烧，只有这些燃料基本燃尽后，燃烧前缘才开始向前移动。在这个过程中产生了大量的高温气体和流体，有 $CO$、$CO_2$、水蒸气、气相烃类以及凝析油等，同时发生了热降黏、热膨胀、蒸馏汽化、油相混合驱、气驱、高温改变相对渗透率等一系列复杂的众多驱油机理的联合作用，把原油驱向生产井，正是因为火驱具有这种独特的驱替方式，所以说比现在的任何一种采油方法的采收率都高。

### 2. 空气火驱技术特点[23]

火驱是一种重要的提高采收率方法，火驱技术主要是利用油藏本身的部分燃烧裂解产物作为燃料，利用外加空气之中的氧气在油层内实现自燃或借助加热点火手段把油层点燃，通过不断向油层注入空气助燃，形成径向传播的燃烧前缘，从而将地层原油从注气井推向生产井。火驱过程中燃烧前缘温度可达 500℃以上，从而实现多种复杂的驱动作用。火驱技术具有如下特点：

（1）驱油效率高，火驱过程中不断向油层注入空气，所以能够保持油层压力，与气驱相比，波及系数更高，与水驱相比，驱油效率约为水驱的 2 倍，火驱物理模拟实验驱油效率通常能达到 70%～90%，三维火驱物理模拟实验得到的最终采收率在 70%～80%，国外成功的火驱项目采收率能达到 55%～70%。

（2）可以使地下原油实现改质，改质后原油中的重质组分（胶质、沥青质）含量下降，轻质组分含量上升，有利于实现高黏度稠油的驱替。从新疆红浅 1 区火驱试验效果看，与原始地层原油相比，火驱产出原油中饱和烃含量由 62.6% 上升到 69.5%，芳香烃含量由 19.9% 下降到 5.5%，胶质含量由 15.0% 下降到 12.7%，沥青质含量由 2.4% 下降到 2.2%。试验区产出原油平均黏度在 50℃时，由蒸汽驱热采的 16500mPa·s 下降到 3381mPa·s，下降了 79.5%。

（3）火驱是一种注空气开发技术，注空气的成本相比注蒸汽较低。空气资源丰富，注空气成本较注蒸汽低。火驱采油日常操作成本主要集中在压缩空气成本上。通常，注入空气压力越高，压缩空气所需的成本（耗电量）越大。

（4）具有蒸汽驱及热水驱作用，火驱过程中会产生过热蒸汽，过热蒸汽冷凝时会放出大量热量，所以火驱过程具有过热蒸汽驱和热水驱的作用。由于过热蒸汽和热水均是在油层中就地产生，与注过热蒸汽和注热水相比热利用率更高，同时节省了水处理设施及隔热措施，简化了井筒工艺条件。

（5）具有 $CO_2$ 驱作用，火驱燃烧过程产生大量的 CO 和 $CO_2$，能够溶解在原油中，降低界面张力，提高驱油效率，即火驱过程具有二氧化碳驱的作用，但减少了注 $CO_2$ 相关投资。

（6）具有混相驱作用，气态轻质烃在与原油接触时，一方面通过放热使得原油黏度降低，另一方面会与原油发生混相，降低界面张力，携带一部分原油，即火驱过程具有混相驱的效果，并且驱油效率较高。

（7）火驱技术对油藏具有较广泛的适应性，既适合稠油油藏开发，也适合低渗透稀油油藏开发。既可以应用于原始油藏一次开发，也可以应用于注水后期、注蒸汽后期的油藏进一步提高采收率。尤其对薄层、深层和强敏性稠油油藏更具比较优势。

（8）火驱的热源是移动的，其井网、井距大小不像其他驱替方式那样受到严格的限制，既可以进行线性火驱，有又能够进行平面火驱。

（9）火驱技术减少了 $CO_2$ 排放，一般情况下，燃烧 1kg 标准煤或原油所对应的 $CO_2$ 排放量分别为 2.49kg 及 3.12kg。以目前油田热采最常用的燃油锅炉为例，当油汽比为 0.15～0.25（蒸汽驱和 SAGD 生产）时，生产吨油所对应的 $CO_2$ 排放量为 0.85～1.35t。相比之下，对于一个注蒸汽后转火驱的项目（以注空气压力为 5MPa 计算，同时考虑地下燃烧所产生的 $CO_2$ 排放量），其生产吨油所对应的 $CO_2$ 排放量为 0.68～0.90t。

鉴于火驱技术的诸多优势，火驱技术越来越受到重视。由于火驱不受油藏埋藏深、原油黏度大、含水高等问题限制，适用范围广，是继蒸汽驱、SAGD 之后又一项稠油油藏大幅提高采收率技术。

同时应该看到，火驱是三次采油中风险比较大的项目，容易导致火驱失败的工程因素包括：

（1）注气系统故障，如压缩机故障无法修复造成注气中断，压缩机润滑油泄漏导致的爆炸等。在印度 Santhal 油田、美国 Bodcau 油田的火驱项目运行过程中就发生过此类事故。我国辽河科尔沁油田火驱试验过程中也出现过压缩机润滑油泄漏引发的爆炸事故。

（2）点火失败。稠油油藏的点火方式主要有自燃点火、化学点火、电加热点火、气体或液体燃料点火器点火等。当油藏原始地层温度较低或原油性质较特殊时，点火相对困难。在美国 Paris Valley 油田和 Little Tom 油田的超稠油油藏火驱试验过程中出现过点火失败的例子。

（3）生产井出砂和套损。火驱生产井产出流体中含有大量的燃烧尾气，造成气液比较高。对于疏松地层，很容易引起出砂。据相关资料，加拿大 Whitesands 油田 THAI 火驱过程中曾出现过严重的出砂。在美国 Bellevue 油田的 Bodcau 火驱项目以及 Paris Valley 油田的火驱试验中，则出现过因热前缘突破井底温度升高导致套损的问题。

（4）生产井的管外窜问题。固井质量差或者前期经过多轮次注蒸汽热采的生产老井，在火驱过程中可能发生气体沿着管外窜的问题。窜出的气体可能进入其他地层，也可能直接窜到地面。在 Batle 区和 Appalachian 区的火驱项目中发生过管外窜的现象，在印度 Balol 油田和 Santhal 油田共也发生了多起这类问题。

（5）注采及地面系统腐蚀问题。火驱过程中最常见的腐蚀是由产出烟道气中 $CO_2$ 造成的酸性腐蚀。火驱过程中另一个容易被忽视的腐蚀环节是注气井井筒的富氧腐蚀。在高压注空气条件下，油管表面所接触到的氧气分子绝对含量远远高于大气中氧气含量（通常为几十倍到上百倍）。在长时间连续注气情况下，注气油管发生氧化腐蚀的概率大大增加。严重时会在管壁形成大量的氧化铁鳞片堵塞炮眼，造成注气压力升高甚至完全注不进气。

火驱油层燃烧的影响因素很多，某一因素的变化往往影响火驱燃烧的效果，主要的影响因素包括油层深度、油层厚度、油层孔隙度与渗透率、油层非均质性、断层和裂缝、原油物性、井网与井距、井位、完井、注采参数等。

（1）油层深度。火驱虽然具有适应性广的特点，但是要想取得理想的效果，还是需要一些前提条件，顶底盖层之间的封闭性良好，还要有合适的油层深度以及油层厚度。我国的火驱试验开始都是在浅层稠油油田实施的，火驱对油层深度似乎没有严格的限制，但是一个浅显的道理就是油层深度较浅，地层压实作用差，那么它的封闭性肯定不良，如果注气压力高于油层的破裂压力时就会造成空气向上窜流外溢，甚至出砂等现象，严重影响火线的均匀推进，最终影响火驱的驱油效果。但是如果井深较大，必然增加工程作业成本，地面实施起来也较为困难，一般认为，油藏的埋藏深度在 150～1600m 时适合采用火驱技术。

（2）油层厚度。油层厚度也是影响火驱成败的关键因素，如果油层太薄，隔热性能就较差，同时燃烧速度过快，热量在燃烧前缘的损失比较大，可能会无法满足油层燃烧所需的足够热量，导致油层温度很快降低，最终致使油层熄火。可是如果油层过厚，也很难控制其均匀燃烧，因为建立的高温燃烧带比较狭窄，难以覆盖整个油层，致使波及体积较小，同时由于重力分离作用会产生空气超覆，在纵向上产生燃烧不均匀现象，地下形成死油区，为了保证火驱过程中燃烧前缘能够实现均匀推进，避免火线朝着渗透率相对较高的区域突进从而形成气窜，影响火烧的驱替范围，要充分考虑油层厚度因素，一般油层厚度以 3～15m 为宜。

（3）油层孔隙度与渗透率。火烧油层成功的因素之一是油层具有较高的孔隙度，含低挥发性原油，一般说来，油层孔隙度需大于 20%。油层的非均质性会降低火烧油层的驱油效率，委内瑞拉的实践经验表明，非均质砂岩导致燃烧前缘选择性地向前移动，降低了火烧油层的面积驱油效率。在美国南得克萨斯的火烧油层试验表明，火烧油层成功的原因之一是油层的原始含油饱和度和渗透率比较高，在这样的油层中进行火烧油层采油时，需要的空气量和燃料也相对较低。对于稠油油藏，油层渗透率应大一些，特别是储量系数（孔隙度与含油饱和度的乘积）大于 0.13 时可实施火烧项目。

（4）油层非均质性。油层在纵向、横向的均质程度越高、连通性越好，火线在推进时不至于产生突进现象，可以将地下的原油全部驱替出来，但是如果地层非均质性很强就会导致火线选择性地向前移动，首先突破渗透率高的油层区域，降低了火驱的面积驱油效率，应该充分考虑渗透率的分布情况以及油层产状和各方向的差异性，特别是透镜体产状等地质因素对火驱的影响。

（5）断层和裂缝。断层和裂缝的存在对火烧油层有着严重影响。注入空气易沿着断裂、裂缝进行窜流，改变空气的流动方向，这样，一方面导致火驱试验区氧气的利用率降低；另一方面燃烧前缘的燃烧变差，最终会影响到试验效果。美国在 Bartlesville 浅层油藏实施火烧油层采油过程中，示踪剂监测表明，注入空气从生产井油层的裂缝中渗漏到井网范围之外，导致燃烧前缘气量不足而难以维持燃烧，从而使火烧油层试验失败。

（6）原油物性。原油的密度和黏度对火驱影响十分重要，不管火烧还是其他开采方式都必须保证原油在地层具有一定的流动性，火驱更需如此，热量在地层中的传递通过传导、交换、对流、辐射等几种形式，所以就必须保证原油在毛细孔道中具有一定的流动性，否则会造成严重的气窜现象，给火驱的控制带来极大的困难。黏度越高越不易于流动，反之越容易流动，但是却无法提供充足的燃料燃烧，维持长时间的高温，保证火线的均匀推进。所以一般认为原油应含有足够的重质成分，且氧化性好，油层条件下密度为 0.802～1.00g/cm³、黏度为 2～10000mPa·s 的原油比较适合于选用火烧油层开采。

（7）井网与井距。根据油层发育情况和单井控制储量设计井网类型和井距大小，在匹配注气井和生产井数比例时，要充分考虑注入能力和采出能力的平衡。因为火驱注气井注入的气体比地层原油的流动能力强，所以注气井的注入能力应该比生产井的生产能力强，这主要是为了保证注采能量平衡同时更有利于驱油，因此注气井与生产井的数量以及注采参数要复合标准，在布井时还要考虑试验区油层的非均质性、油层厚度、油层倾斜角、气体超覆、老井状况、重力分离等因素。

火驱的井网选择要根据现场条件和油藏特点，通常油田现场采用的井网类型主要包括反五点法、反七点法、反九点法、扇形、行列交错排布或者不规则井网方式等，对于非均质的油层不适合采用行列火烧井网，不可盲目地选取经典布井方式，绝不能机械地选择井网类型，根据实际情况采用具体合适的井网。

井距的大小影响到火驱的见效时间和火烧寿命的长短。如果井距太小就会造成井间干扰，容易导致火线发生指进，甚至可能造成熄火；如果井距过大，虽然延长了火烧周期，但是却会留下死油区，同时火烧见效较慢，严重影响油田现场生产。所以井距的选择要适中，既要考虑原油物性对注采驱替能力的影响，还要考虑泄油半径以及单井能够控制的储量，同时现场生产还必须考虑生产时间和经济性，因此通过数值模拟和国内外的火驱经验，一般认为较厚油层的井距为 70～100m，较薄油层的井距为 100～200m 为宜，采取较小的井距以尽早观察到火驱的效果，缩短生产时间，有利于研究和总结火驱规律。

（8）井位。注气井和生产井位置的选择需要考虑很多的因素，包括油藏构造、油层沉积环境和沉积相、上下隔层、渗透性和油层连通情况等。注气井的位置选择是否合理对于火驱技术的实施效果有着非常重大的关系，对火驱的实施效果和后期控制调整影响很大，如果选择不当就会导致火窜、燃烧不均、气体超覆、留死油区等。一般来说对于构造平缓的单斜、凹陷油藏，注气井尽量放置在构造位置相对较低部位，近似于面积中心比较适宜，这样布置可以使油层从下往上燃烧，如此可以缓解火驱的超覆现象，但是对于油层倾斜角度比较大的油层来说，注气井的位置应该是布置在构造的高部位，这样可以使得火线从上往下烧，从而可以实现充分利用重力的作用达到重力驱油的目的，同时上部形成的气腔对原油形成弹性驱动作用。总的来说注气井最好布置在与生产井相比油层相对较厚、渗透率相对较大并且注气井与生产井的连通性能较好、油层本身的封闭性比较好的位置处，符合"高、厚、通、封"的标准，这样布井容易实现一井火烧多井见效，有利于火驱的成功。

（9）完井。在火驱工艺实施过程中与其他开采方式一样都需要进行储层保护，防止油层受到外界伤害，保证在后续火驱过程中燃烧前缘可以均匀地推进。一般注气井和生产井的完井方式都选择射孔完井，目的就是为了方便调节和控制火烧过程中的各项具体参数。若油层厚度较大，应该考虑分层火烧技术，确保单元火驱具有良好的密封性，对于地层倾角较小的油层射孔一般选择在油层底部，反之则选择顶部，为了缓解火驱过程中的超覆现象，提高火驱的体积波及系数，一般上部油层不选择射孔，仅射开油层底部的 1/3～1/2 处或者射孔密度应该是从上到下逐渐加密，尤其对于渗透率自上而下不断减小的反韵律特性的油层应该采用限流射孔技术，通过计算确定射孔的密度、孔径、孔深等参数。

（10）注采参数。注气井和生产井是火驱成功的关键，注气井要注入足够的空气保证油层的燃烧，火线的均匀推进，而生产井要保证排气畅通，顺利产油。在火驱的不同阶段，生产井和注气井各项生产参数也会发生变化。其中通风强度是非常关键的一个参数，它的大小必须控制在一个合理的范围内。一般根据火驱所处的不同阶段，以阶梯状逐级提高注气井通风强度，控制各阶段的火线推进半径和推进速度，同时确保注气井地层的压力稳定，实现稳定燃烧和稳定驱替。点火之前通风强度一般较小，但是也需要一个恰当的数值，如果太小则无法提供充足的氧气，油层就不能确保维持燃烧；如果过大就会造成注入气体在油层窜流，使火线推进不均匀，带走大量热量，甚至吹灭火烧前缘，导致火烧失败。当然点火成功后，随着时间的推移，燃烧半径不断扩大，通风强度也应当逐渐增加，给火线前缘提供充足的氧气供应，保证火线的继续燃烧推进。

火驱的实施效果在生产井可以很明显地得到验证，不管是产液量的变化还是产气量和组分的变化。生产井是火驱的"烟囱"，注采平衡在生产井可以有效地得到体现，一般在点火前期由于距离尚远无法清晰反映火驱的变化，但在后期可以从产液量和产气量等参数观察和判断火驱的变化，包括火线的位置和燃烧阶段等。生产井的中心任务就是均匀产液、均匀排气，通过控制生产井的产气速度来控制燃烧速度，对产液量的控制也可以起到助排引效的作用，使火线朝着预定的目标推进。总之对生产井采取"控""关""引"等措施，控制不同部位生产井的阶段累计产气量，从而控制火线沿不同方向的推进速度，最终使火线形成预期形状，实现目标效果。

### 3. 国外空气火驱研究及试验进展

国外上注空气开发技术主要分为稠油的火驱油层（ISC）及稀油的高压注空气（HPAI）技术，火驱油层又称为高温氧化（HTO），高压注空气又称为低温氧化（LTO）。国外在20世纪七八十年代对火驱过程中的燃料沉积量、燃烧模式及控制机理等进行了大量的研究。系统阐述了火驱过程中低温氧化（LTO）和高温氧化（HTO）的过程及内在机理。

国外对于室内实验已经做了大量的实验及理论研究工作。早在20世纪60年代Tadema 和 Willson 就提出了空气需要量的计算方法以及估算采收率与已燃容积之间关系的公式，并讨论了主要的影响因素，之后对于火驱室内的研究逐渐具体细化，开展了原始含油饱和度对燃烧燃料的影响、燃料与原油密度的关系、燃料对总空气需要量的影响等，得到的规律性更强。1963 年，Thomas 提出了比较成熟的火驱能量守恒方程；2000 年，SuatBagci 和 Mustafa 对干式燃烧方法和湿式燃烧方法进行了仔细研究，发现了燃烧消耗量和风水比之间的关系并且总结了两种燃烧方式的优缺点，提出了两种燃烧方式的适用条件。通过室内的不断研究，逐渐形成了热重分析原油裂解燃烧理论，定性地分析了压力、加热速率和原油性质对反应动力学的影响。

火驱的数值模拟就是在一系列的假设条件下，建立以火驱数学模型为基础模拟油藏模型，利用计算机对建立的方程进行离散化处理，求出近似的数值解，通过对各种参数条件的计算和比较，了解和研究火驱工艺过程的各种动态特性和驱油机理，从而为火驱方案的设计和筛选等提供重要依据。Thom Ms 和 Chu C. 于 1963 年分别提出了二维火驱数学模型，可以计算出不同距离的温度和最小燃料消耗量。Gohmed 于 1965 年提出一个一维数学模型，该模型考虑了三相流动，模型包括 6 个偏微分方程，考虑了导热和对流两种传热方式，但没有考虑重力和毛细管力的影响。Kuo 在其提出的数学模型中引入了两个温度前缘：一个是燃烧前缘，另一个是热流前缘，具有一定的意义。日本学者夏本等在 1987 年提出了一种比较复杂的，具有三维四相七组分的火驱数值模型，该模型不仅包含了 7 个质量守恒方程和 1 个能量守恒方程，还考虑了原油黏度、孔隙度和渗透率等因素，比较不同的一点是将原油划分为重质组分和轻质组分，不仅体现了原油性质和组分，还大大缩短了计算时间，具有较强的实用性。

世界范围内最早的火驱试验出现在苏联（1933—1934 年），美国在 1950—1951 年间也进行了第一个火驱试验。美国内布拉斯加州的 Sloss Field 油藏为水驱油藏，该油藏地下埋深 1900m、油藏厚度 3.35m、原油重度 38.8°API。阿莫科公司将压缩空气注入油藏中，采用联合热驱（湿式燃烧）技术进行三次采油。此次试验累计增油量 11095.05t，提高油藏水驱后残余油采收率 43%。阿莫科公司在 1967 年扩大 Sloss Field 油藏空气驱项目规模，项目结束时油藏累计增油量 69614.83t。受限于当时国际原油价格太低，开采成本过高，空气驱在当时被认为是一种技术可行、但是经济效益较差的提高采收率技术。火驱机理研究最活跃的时期是 1960—1990 年。到 20 世纪末，世纪范围内进行的火驱试验项目接近 200 个。从统计资料看，在所有火驱试验项目中，技术上取得成功的超过一半，而经济上也能取得成功的项目只有 1/3 强。造成这种情况的最主要原因包括：（1）早期的注气设备及点火工艺设备稳定性差，经常出故障；（2）对火驱复杂的驱油机理认识不清楚，操作失当；（3）没有选择到适合火驱的油藏。

在所有的火驱项目中，罗马尼亚 Suplacu 油田的火驱项目是迄今世界上规模最大的火驱项目，为全世界所瞩目。从 1964 年开始在 Suplacu 油田进行火驱试验，后经历扩大试验和工业化应用，火驱高产稳产期超过 25 年，峰值产量为 1500～1600t/d，取得了十分显著的经济效益。目前 Suplacu 油田的火驱开发仍在进行（罗马尼亚境内的其他 5 个火驱矿场试验由于油价等原因在 2000 年前后相继中止），目前该油田的日产量为 1200。以目前的采油速度推测，该油田可以稳产至 2040 年，最终采收率可以达到 65% 以上。

另一个著名的火驱项目在印度。该火驱项目由印度最大的国际石油公司 ONGC（Oil and Natural Gas Corporation Ltd）实施。ONGC 公司从 1990 年开始在 Balol 油田开展了两个火驱先导试验。两个先导试验均采用反五点井网面积式火驱，均为 1 口注气井，周边 4 口生产井。其中第一个火驱先导试验采用的是小井距火驱，井距为 150m。在第二个火驱先导试验采用的是放大井距火驱，井距为 300m。在 Balol 火驱先导实验结果和技术经济成功的鼓舞下，设计了 Balol 整体火驱开发方案。同时考虑到 Santhal 油田和 Balol 油田的相似性，决定在 Santhal 油田一并实施火驱开发。随后，1997 年在上述两个油田实施了火驱开发。目前共有 4 个商业化火驱项目——Balol Ph-1，Santhal Ph-1，Balol Main，Santhal Main0 运转正常。目前两个油田的日增油量为 1200t，日注气量为 $140 \times 10^4 m^3$。采收率提高 2～3 倍，从最初的 6%～13% 提高至 39%～45%。到目前为止，已有 68 口注气井。多数注气井是原来的采油井，在经过常规的洗井后转为注气井。产出水经过处理后又在湿式燃烧阶段注入地层。目前的空气油比为 $1160 m^3/m^3$。累计空气油比为 $985 m^3/m^3$。

加拿大的火驱工程项目主要是 Crescent Point 能源公司在萨克彻温省 Battrum 油田的火驱项目，目前总的产量为 4800bbl/d。加拿大于 1984 年对本国油田的开采方式进行了一个研究，认为在蒸汽吞吐、蒸汽驱、火驱、$CO_2$ 混相驱、烃混相驱、表面活性剂驱以及碱驱等这些采油方法中，不管是技术潜力还是经济优势，火驱都是不可多得的提高采收率的一种很重要的方法。2004 年，WITHESANDS 公司在加拿大 Alberta 省 Mc Curry 油砂区进行了 THAI 火驱技术的生产实践，这项工程于 2005 年 2 月在区块南部钻了三口探井，3 月钻了 9 口观测井，2005 年底油井投产，矿场试验后的结果显示采收率很高，可达 80%。近年来印度、委内瑞拉和哈萨克斯坦等国家也开展了大量的火驱现场试验研究工作，油田采收率都达到了 55% 以上，在稳定燃烧和增产方面的工艺技术和工业化应用都取得了比较丰富的成功经验和成果。

### 4. 国内空气火驱研究及试验进展 [24-27]

火驱技术由于其机理较为复杂，长期以来配套工艺设备技术进步幅度较小，从而导致火驱在较长的一段时间内推广规模较小。目前国内"低温氧化"的概念十分混乱，只要是在 450℃ 以下低温区间的氧化，均有"低温氧化"的称谓。其实"低温氧化"是与高温氧化相对应的称谓概念，是特指稀油燃烧一般温度在"200~350℃"的区间，较稠油燃烧温度在"450~550℃"的区间温度明显较低，称为"低温氧化"。因此，"低温氧化"是特指"200~350℃"这一温度区间，低于这一温度区间发生的原油与氧的反应并不能称为"低温氧化"。理论上在低于 120℃ 的条件下，原油与氧气发生的反应为"加氧反应"，温度超过 150℃ 后逐渐开始出现"裂键反应"，但在 120~200℃ 的温度区间，"裂键反应"并不剧烈，反应速度低、生热速度低，因此在 200℃ 以下的温度区间，原油与氧的反应以"加氧反应"为主，即便出现"裂键反应"，其反应速度较低、生热量低，基本不存在热效应，这是其与低温氧化反应的明显区别。TGA/DST 实验研究表明，虽然轻质原油在 120~200℃ 区间存在反应，但在这一温度区间基本检测不到放热量，从 200℃ 开始检测到较低的放热量，反应高峰及放热量高峰在 300~350℃ 区间，由此可见低温氧化反应区间在 200~350℃ 是合理的，低于 200℃ 的反应以加氧反应及蒸发为主，发热量基本检测不到，不能称为低温氧化反应。从失重曲线看，轻质油在 350℃ 的失重达到了 80%，在经历裂解后，到 450℃ 的失重已经达到 90%，为高温氧化反应提高的燃料很少，因此轻质原油的氧化反应以低温氧化反应为主，经过 350℃ 的氧化反应及蒸馏后，残余油量已经很低。

1958—1960 年国内对火驱开展了大量的实验研究和设备的研发，新疆油田进行了一系列的室内常压和低压的燃烧实验。1960 年成功研制汽油点火器，1971 年成功研制了电热点火器。中国石油勘探开发研究院热力采油研究所于 1980—1990 年间先后建立了燃烧釜实验装置、低压一维火驱物理模拟实验装置和三维火驱物理模拟实验装置。胜利油田采油工艺研究院在 1995 年前后也建立了一维火驱物理模拟实验装置，能够通过室内实验获取燃料沉积量、空气消耗量等火驱化学计量学参数，并能进行相应的室内火驱机理研究。2000 年后，国内引进了加拿大 CMG 公司的 STARS 热采软件，可以进行较大规模火驱油层的油藏数值模拟研究。2006 年，中国石油天然气集团公司筹建稠油开采重点实验室。依托重点实验室建设，先后引进了 ARC 加速量热仪、TGA/DSC 同步量热仪等反应动力学参数测试仪器，并改造和研制了一维和三维火驱物理模拟实验装置，使火驱油层室内实验手段实现了系统化。2006 年胜利油田采油工艺研究院完成了国内第一组面积井网火驱的三维物理模拟实验。2007 年，中国石油勘探开发研究院热力采油研究所完成了国内第一组水平井火驱辅助重力泄油的三维物理模拟实验。国内火驱实验装置和研究手段进一步接近国际先进水平。2008 年，国家油气重大科技专项设立了"火驱驱油与现场试验"的课题，由中国石油勘探开发研究院和新疆油田公司承担。2011—2015 年（"十二五"）期间该课题继续延续。自 20 世纪 80 年代以来，通过室内燃烧釜和燃烧管实验，研究了火驱过程中的一维温度场分布，得到了燃料沉积量、空气消耗量、氧气利用率、火驱驱油效率等系列参数的测定方法。2011 年 10 月，由中国石油勘探开发研究院热力采油研究所主持起草的第一个关于火驱技术的石油天然气行业标准《火驱油层基础参数测定方法》获得油气田开发专业标委会的通过。2013 年第二个行业标准《稠油高温氧化动力学参数测定方法——热重法》获得油气田开发专业标委会的通过。

近些年来，随着压力机技术的不断改进和完善，以及以连续油管电加热为代表的第三代点火技术的出现，火驱相关配套技术日趋成熟。近年来通过室内一维和三维物理模拟实验，根据各自区带的热力学特征，将火驱储层划分为已燃区、火墙、结焦带、油墙和剩余油区 5 个区带。这种划分，不仅有利于理解面积井网火驱机理，也有利于矿场试验过程中的跟踪监测与动态管理；深化了稠油注蒸汽后火驱机理认识，指出在注蒸汽后油藏火驱过程中存在一定程度的"干式注气、湿式燃烧"的机理，为新疆红浅火驱矿场试验方案设计提供了理论依据；针对近些年来国外学者提出的"从脚趾到脚跟"的水平井火驱（THAI）技术，国内也开展了相关的研究工作。在深入认识其机理的基础上，提出了水平井火驱辅助重力泄油的概念，并提出了更加完善的井网模式。同时也通过深入细致的室内三维物理模拟实验，指出了其潜在的油藏和工程风险。稠油油藏直井火驱提高采收率技术被评为 2015 年度中国石油天然气集团公司十大科技进展之一。

自 1958 年起，我国先后在新疆油田、玉门油田、胜利油田、吉林油田和辽河油田等开展了火驱室内研究和矿场试验，其中以新疆油田和胜利油田持续的时间最长。1958 年新疆油田开始研制汽油点火器，1960 年在黑油山点燃了深 14m 的浅层，燃烧 24 天。1961 年在同一地区又点燃了深 18m 的油层，燃烧 34 天。通过两次中间试验，实现了浅层稠油油层的点火。1965 年 6 月，新疆油田在黑油山三区点燃了油层深度为 85m 的 8001 井组，油层燃烧获得初步效果之后，石油工业部决定扩大试验规模。1966 年在新疆油田二西区点燃了 414m 深的井组。1969 年在黑油山四区同时点燃了 3 口井的行列火驱井组，并拉成了火线。1971—1973 年新疆油田又开辟了 3 个面积井组矿场试验。1992—1999 年，胜利金家油田开展了 4 井次火驱试验，基本上完成了点火、燃烧和采油 3 个阶段试验过程，但火驱驱油期间由于空气压缩机质量不过关，试验被迫提前停止。2001 年 3 月，胜利油田在草南 95-2 井组进行火驱试验。成功点燃了生产井含水已高达 93% 的稠油油层。2003 年 9 月中国石油化工集团首个火驱重大先导试验——胜利油田郑 408 块火驱先导试验点火成功。试验采用面积井网，1 口中心注气井、4 口一线生产井、7 口二线生产井。

2009 年 12 月，中国石油天然气股份有限公司首个火驱重大开发试验——新疆红浅 1

井区火驱试验点火成功。试验油藏前期经历了蒸汽吞吐和蒸汽驱，在火驱前处于废弃状态。试验主要目的是探索稠油油藏注蒸汽开发后期的接替开发方式。目前试验进展顺利。2011 年 4 月，中国石油天然气股份有限公司通过了国内首个超稠油水平井火驱重大先导试验——新疆风城超稠油水平井火驱重力泄油先导试验方案的审查。该方案于 2011 年底进入矿场实施。试验目的是探索超稠油油藏在 SAGD 之外的高效开发方式。表 1-3 中列出了最近几年国内开展的火驱试验项目。

表 1-3　最近几年国内开展的火驱试验项目

| 项目名称 | 开始时间 | 试验概述 |
|---|---|---|
| 胜利油田郑 408 块火驱先导试验 | 2003 年 9 月 | 敏感性稠油。1 个井组、4 口一线井、7 口二线井。2010 年试验结束，累增原油 30000 多吨 |
| 辽河油田杜 66 块火驱试验 | 2005 年 6 月 2006 年 7 月 | 蒸汽吞吐后稠油油藏。初期 6 个井组、38 口生产井；后扩至 16 个井组、88 口生产井。目前试验正在进行中 |
| 辽河油田高 3-6-18 块火驱试验 | 2008 年 7 月 | 蒸汽吞吐后超深层稠油油藏。10 个井组、34 口生产井。目前试验正在进行中 |
| 新疆油田红浅 1 井区火驱试验 | 2009 年 12 月 | 蒸汽吞吐和蒸汽驱后废弃油藏，总井数 55 口，其中注气井 7 口。目前试验正在进行中 |
| 辽河油田高 3 块火驱试验 | 2010 年 6 月 | 蒸汽吞吐后稠油油藏，17 个井组、90 口生产井。目前试验正在进行中 |
| 新疆风城水平井火驱辅助重力泄油先导试验 | 2011 年 6 月 | 超稠油油藏，3 口直井、3 口水平生产井。2011 年 11 月对第 1 个井对进行预热连通，目前试验正在进行中 |
| 辽河曙 1-38-32 块超稠油火驱辅助重力泄油试验 | 2012 年 1 月 | 中深层厚层块状超稠油油藏。部署新注气直井 5 口，水平生产井 5 口；预计区块火驱开发 12 年，最终采收率达到 58.0% |

目前在辽河油田、新疆油田应用超过 150 个井组，火驱年产量在 $35 \times 10^4 t$ 左右。预计到"十三五"末，中国石油集团公司直井火驱年产量将突破 $50 \times 10^4 t$。水平井火驱辅助重力泄油技术在辽河油田和新疆油田先后进行了多个井组的先导试验，其中新疆风城油田 FH005 井组火驱先导试验实现持续稳产 500 天以上，单井累计生产原油 2000t 以上，初步实现了火线前沿的有效调控。

特别值得一提的是，新疆红浅 1 井区火驱试验的突破，使人们看到，火驱可以在注蒸汽稠油老区、高采出程度甚至濒临废弃的油藏上，再大幅提高采收率 30% 以上。火驱有望成为稠油老区大幅提高采收率的战略接替技术，这方面潜力巨大。该项技术已经受到加拿大、俄罗斯和美国等各国学者和油公司的广泛关注。

国内在火驱工程技术方面取得重要进展有[28, 29]：

（1）井下高效点火技术日渐成熟。目前国内自主研制的大功率井下电加热器，不仅可以在原始油藏点火，还能在注蒸汽后低饱和度地层成功点火。新疆红浅 1 井区火驱现场试验采用电加热器点火 5 个井次，均一次点火成功。

（2）注气系统可靠性显著增强。火驱过程中要保持燃烧带前缘的稳定推进要求注气必须连续不间断。如果火驱过程中特别是点火初期发生注气间断且间断时间较长，则很可能造成燃烧带熄灭。这对火驱开发过程的影响是致命的。从最近几年新疆油田和辽河油田的火驱现场试验看，随着压缩机技术的进步和现场运行管理经验的不断积累，目前注气系统的稳定性和可靠性比以往明显增强，可以实现长期、不间断、大排量注气。

（3）举升及地面工艺系统逐步完善。目前火驱举升工艺的选择能够充分考虑火驱不同生产阶段的阶段特征，能够满足不同生产阶段举升的需要。井筒和地面流程的腐蚀问题基本得到解决。注采系统的自动控制与计量问题正逐步改进和完善。值得一提的是，在借鉴国外经验的同时经过多年的摸索，目前国内基本形成了油、套分输的地面工艺流程，并通过强制举升与小规模蒸汽吞吐引效相结合，有效提高了火驱单井产能和稳产期。同时，探索并形成了湿法、干法相结合的 $H_2S$ 治理方法。

（4）初步掌握了火驱监测和调控技术。建立火驱产出气、油、水监测分析方法，形成火驱井下温、压监测技术，实现了对火驱动态的有效监测。同时开发了气体安全评价与报警系统，保证了火驱运行过程中的安全。总结出了以"调"（现场动态"调"生产参数，避免单方向气窜）、"控"（数值模拟跟踪、动静结合，"控制"火线推进方向和速度）与"监测"（监测组分、压力和产状，实现地上调、控地下）相结合的现场火线调控技术。

（5）初步攻克了火驱修井作业技术难题。在火驱试验过程中特别是在稠油老区进行火驱试验，会经常面临高温、高压、高含气条件下的修井作业难题。新疆红浅火驱试验两年来，已经成功实施 47 井次的修井作业。

## 二、空气火驱技术适用条件

### 1. 国外空气火驱技术适用油藏条件

国内外许多学者依据火烧油层驱油开发实践提出了各自的认识，并总结出了适合火烧开发的油藏筛选标准。表 1-4 和表 1-5 给出了国外不同学者的火驱开发筛选标准。

表 1-4 国外不同稠油油藏火烧油层筛选条件

| 油田 | 深度 m | 厚度 m | 原油黏度 mPa·s | 渗透率 mD | 孔隙度 % | 饱和度 % | 储量系数 $\phi S_o$ | 连续变量 $y$ |
|---|---|---|---|---|---|---|---|---|
| MidwaySunset（美国） | 732 | 39.3 | 110 | 1575 | 36 | 75 | 0.27 | 1.35 |
| Suplacu（罗马尼亚） | 76 | 13.7 | 2000 | 2000 | 32 | 78 | 0.25 | 0.95 |
| Belleven（美国） | 122 | 22.6 | 500 | 500 | 38 | 51 | 0.19 | 1.36 |
| Miga（委内瑞拉） | 1234 | 6.1 | 280 | 5000 | 23 | 78 | 0.18 | 0.84 |

| 油田 | 深度<br>m | 厚度<br>m | 原油黏度<br>mPa·s | 渗透率<br>mD | 孔隙度<br>% | 饱和度<br>% | 储量系数<br>$\phi\,S_o$ | 连续变量<br>$y$ |
|---|---|---|---|---|---|---|---|---|
| Midway Sunset（美国） | 290 | 11.3 | 44000 | 21000 | 39 | 63 | 0.25 | 3.40 |
| S.Oklahoma（美国） | 55 | 6.1 | 7413 | 2300 | 29 | 60 | 0.17 | 0.46 |
| S.Oklahoma（美国） | 59 | 5.2 | 5000 | 7680 | 27 | 64 | 0.17 | 0.92 |
| Pavlova（苏联） | 250 | 7.0 | 2000 | 2000 | 32 | 78 | 0.25 | 1.02 |
| E.Tia.Juana（委内瑞拉） | 475 | 39.0 | 6000 | 5000 | 41 | 73 | 0.30 | 2.16 |
| East oil field（委内瑞拉） | 1372 | 5.8 | 400 | 3500 | 35 | 94 | 0.33 | 2.15 |
| S.Belrige（美国） | 213 | 9.1 | 2700 | 8000 | 37 | 60 | 0.22 | 1.78 |
| Balol（印度） | 1050 | 6.5 | 150 | 10000 | 28 | 70 | 0.20 | 1.39 |

表 1-5  不同作者提出的火烧油层油藏筛选条件

| 作者 | 油层<br>深度<br>m | 油层<br>厚度<br>m | 孔隙度<br>% | 渗透率<br>mD | 含油饱<br>和度<br>% | 原油密度<br>g/cm³ | 黏度<br>mPa·s | 流动系数<br>mD/（mPa·s） | 储量<br>系数<br>$\phi\,S_o$ |
|---|---|---|---|---|---|---|---|---|---|
| Poettmann | — | — | >20 | >100 | — | — | — | — | >0.10 |
| Geffen | >152 | >3 | — | — | — | >0.807 | — | >3.05 | >0.05 |
| Lewin | >152 | >3 | — | — | >50 | 0.8~1.0 | — | >6.1 | >0.05 |
| Zhu | — | — | >22 | — | >50 | >0.91 | <1000 | — | >0.13 |
| | — | — | >16 | >100 | >35 | >0.825 | — | >3.0 | >0.077 |
| Iyoho | <372 | 1.5~15 | >20 | >300 | >50 | 0.825~1.0 | <1000 | >6.1 | >0.064 |
| | — | >3 | >25 | — | >50 | >0.8 | <1000 | — | >0.08 |
| API | <3505 | >6 | >20 | >35 | — | 0.849~1.0 | <1000 | >1.5 | >0.08 |
| 胜利油田 | <1350 | 3~30 | >16 | >100 | >35 | 0.825~1.0 | <1000 | — | >0.08 |

表 1-5 中利用油藏参数回归分析法得到一个连续变量 $y$ 作为火烧油层项目成功与失败的度量，是评价目前火烧油层在技术和经济上是否成功的函数标准，是根据 25 个成功项目、9 个不成功项目回归得到，其计算公式为：

$$y = y(h,\ z,\ \phi,\ K,\ S_o,\ \mu,\ Kh/\mu,\ \phi\cdot S_o)$$
$$= -2.257 + 0.0001206z + 5.704\phi + 0.000104K - \tag{1-1}$$
$$0.00007834(Kh/\mu) + 4.60\phi\cdot S_o$$

式中  $z$——油层埋深，m；

$h$——油层厚度，m；

$\phi$——孔隙度；

$S_o$——原始含油饱和度；

$K$——渗透率，D；

$\mu$——原油黏度，mPa·s。

根据以上关系式得出了以下认识：

$y>1$，技术和经济上都成功。

$y=0\sim1.0$，技术上成功，经济上不成功。

$y<0$，技术和经济上都不成功。

火烧油层是最早用于开发稠油的热力采油技术，在国外已有较大规模的矿场应用历史，美国、加拿大、罗马尼亚等国 300 多个油田采用了火烧驱油技术开采原油。

目前美国正在开展的 12 个项目（表 1-6），其大部分为低渗透稀油油田。最大的火烧项目是位于北达科他州的 Ceder Hill North 单元，产量达到 11500bbl/d。

表 1-6  美国实施的 12 个主要的火烧油层项目

| 油田 | 开始时间 | 面积 acre | 生产井口 | 注入井口 | 孔隙度 % | 渗透率 mD | 深度 ft | 以前生产方式 | 起始饱和度 % | 产量 bbl/d |
|---|---|---|---|---|---|---|---|---|---|---|
| Bellevue | 1970 年 | 200 | 90 | 15 | 32 | 650 | 400 | 一次采油 | 94 | 240 |
| MPHU | 1985 年 | 8960 | 15 | 9 | 17 | 15 | 9500 | 一次采油 | 52 | 350 |
| W-MPHU | 2001 年 | 14335 | 18 | 12 | 17 | 10 | 9500 | 一次采油 | 50 | 900 |
| N-CHU | 2002 年 | 51200 | 125 | 77 | 18 | 10 | 9000 | 一次采油 | 55 | 11500 |
| Buffalo | 1979 年 | 7680 | 18 | 5 | 20 | 10 | 8450 | 一次采油 | 55 | 525 |
| W-Buffalo | 1987 年 | 4640 | 11 | 5 | 20 | 10 | 8450 | 一次采油 | 55 | 425 |
| S-Buffalo | 1983 年 | 20800 | 37 | 19 | 20 | 10 | 8450 | 一次采油 | 55 | 975 |
| W-CHU | 2003 年 | 7800 | 12 | 5 | 17 | 10 | 9000 | 一次采油 | 55 | 725 |
| S-MPHU | 2003 年 | 11500 | 10 | 6 | 17 | 10 | 9200 | 一次采油 | 50 | 375 |
| Pennel Phase 1 | 2002 年 | 2924 | 22 | 8 | 17 | 10 | 8800 | 水驱 | 75 | 160 |
| Pennel Phase 2 | 2002 年 | 10010 | 56 | 24 | 17 | 10 | 8800 | 水驱 | 85 | 100 |
| Little Beaver | 2002 年 | 10400 | 57 | 29 | 17 | 10 | 8300 | 水驱 | 83 | 750 |

加拿大的火烧项目主要是 Crescent Point 能源公司在萨克彻温省 Battrum 油田的三个火驱项目（表 1-7），目前总的产量为 4800bbl/d。

**表 1–7 加拿大实施的 3 个主要的火烧油层项目**

| 油田 | 开始时间 | 面积acre | 生产井口 | 注入井口 | 孔隙度% | 渗透率mD | 深度ft | 原油黏度mPa·s | 以前生产方式 | 起始饱和度% | 产量bbl/d |
|---|---|---|---|---|---|---|---|---|---|---|---|
| Battrum | 1966 年 10 月 | 4920 | 82 | 25 | 26 | 126 | 2900 | 70 | 一次采油 | 66 | 3200 |
| Battrum | 1967 年 8 月 | 2400 | 26 | 4 | 25 | 930 | 2900 | 70 | 一次采油 | 62 | 800 |
| Battrum | 1965 年 11 月 | 680 | 37 | 9 | 27 | 930 | 2900 | 70 | 一次采油 | 70 | 800 |

罗马尼亚 Suplacu 油田从 1964 年开始进行火驱试验，后经历扩大试验和工业化应用，火驱高产稳产近 30 年，峰值产量为 1500～1600t/d，累计增产 $1500 \times 10^4$t，取得了十分显著的开发效果及经济效益。目前 Suplacu 油田的火驱开发仍在进行，日产原油 1200t，预期全油田的最终采收率将超过 50%。

对于一个给定的油藏，是否可以使用火驱油层工艺进行开发，或者说，具备哪些条件的油藏适宜用火驱油层工艺，这类问题的解决需要有一个适当的筛选标准。国外几十年火驱油层的理论研究、实验室和现场试验已积累了大量的资料和经验。许多学者相继推出各自的火驱油层筛选标准（表 1–8）

表 1–8 所列的筛选标准大多是根据当时已实施的火驱油层项目（包括成功的和失败的项目），用统计数学方法得到的。根据 39 个项目的油藏参数用回归分析法得到一个连续变量 $y$ 作为火驱油层项目成功与失败的度量，该回归方程如下：

$$y = -2.257 + 0.0003957z + 5.704\phi + 0.104K - 0.2570Kh\mu + 4.600\phi S_o \qquad （1-2）$$

式中　$z$——油层埋深，m；

　　　$K$——渗透率，D；

　　　$S_o$——原始含油饱和度；

　　　$\phi$——孔隙度；

　　　$h$——油层厚度，m；

　　　$\mu$——原油黏度，mPa·s。

统计数据表明：$y \geqslant 1$ 的项目在技术和经济上都是成功的；$y = 0$ 的项目技术上成功，但经济上不成功；$y \leqslant -1$ 则在技术和经济上都不成功。进一步分析得出用变量 $y$ 表示的筛选标准为 $y > 0.27$，符合此标准的项目将会取得技术和经济上的成功。

由式中各项的比较可以看出，孔隙度 $\phi$ 和含油饱和度 $S_o$ 是两个影响最大的因素。图 1–1 显示了当其他参数一定，$\phi$ 和 $S_o$ 对 $y$ 的影响。可见，若 $\phi$ 为 0.25，即使 $S_o$ 高达 0.7，仍有 $y < 0.27$，也不适宜采用火驱油层法开采。

应该指出的是，$y > 0.27$ 是火驱油层会取得成功的必要条件，而不是充分条件。这意味着：若 $y \leqslant 0.27$ 的油藏可不必考虑使用火驱油层；若 $y > 0.27$ 的油藏可考虑该工艺，但

表1-8 火驱油层筛选标准一览表

| 序号 | 作者 | 时间 | 油层厚度 m | 地层埋深 m | 孔隙度 | 渗透率 D | 压力 MPa | 原始含油饱和度 | 原油密度 g/m³ | 黏度 mPa·s | 储量系数 φSo | 连续变量 y | 注解 |
|---|---|---|---|---|---|---|---|---|---|---|---|---|---|
| 1 | Poettmann | 1964年 | >3.0 | | >0.2 | >0.1 | | | | | >0.1 | | |
| 2 | Geffen | 1973年 | >3.0 | >150 | | | >1.72 | | >0.802 | | >0.05 | | 湿式燃烧 |
| 3 | Lewin等 | 1976年 | >3.0 | >150 | | | | >0.5 | 0.082~1.0 | | >0.05 | | |
| 4 | Chu | 1977年 | | | >0.22 | | | >0.5 | >0.91 | <1000 | >0.13 | | 可靠性限度法、 |
| | | 1977年 | | | | | | | | | | >0.27 | 回归分析法 |
| 5 | Lyoho | 1978年 | 1.5~15 | 61~1370 | >0.2 | >0.3 | | >0.5 | 0.825~1.0 | <1000 | >0.077 | | 干式燃烧、 |
| | | 1978年 | 3~36 | | >0.2 | | | >0.5 | >1.0 | 无上限 | | | 反向燃烧、 |
| | | 1978年 | >3.0 | >150 | >0.25 | | | >0.5 | >0.802 | <1000 | >0.064 | | 湿式燃烧 |
| 6 | Chu | 1980年 | | | >0.16 | >0.1 | | >0.35 | >0.825 | | >0.1 | | |
| 7 | 巴伊巴科夫 | 1984年 | 3~15 | | >0.2 | >0.1 | <15 | >0.4 | 0.802~1.0 | >10 | | | |
| 8 | Taber | 1983年 | >3.0 | >150 | | >0.1 | | >0.4 | >0.825 | <1000 | | | |
| | | 1996年 | >3.0 | >150 | | >0.05 | | >0.5 | 0.893~1.0 | <500 | | | |

需要补充经济方面的可行性研究。如果该油藏特性也能满足表 1-8 油藏筛选标准，特别是能满足 $\phi S_o > 0.3$，则基本上会使该项目取得成功。

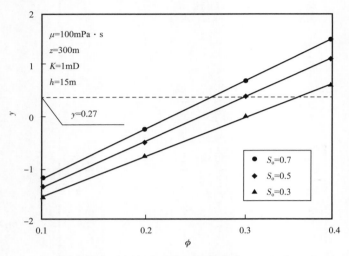

图 1-1　孔隙度和初始含油饱和度对 $y$ 的影响

## 2. 国内空气火驱技术适用油藏条件

目前国内开展火驱试验和工业化应用的区块还比较少，主要区块的油藏参数见表 1-9。油层厚度为 7～26m，埋深为 510～1750m，孔隙度为 20%～34%，渗透率为 17～3872mD，含油饱和度为 51%～60%，原油黏度为 362～9000mPa·s。

表 1-9　国内火驱油藏参数表

| 项目名称 | | 油层厚度 m | 油层埋深 m | 孔隙度 % | 渗透率 mD | 含油饱和度 % | 原油密度 g/cm³ | 原油黏度 mPa·s |
|---|---|---|---|---|---|---|---|---|
| 辽河科尔沁油田庙 5 块 | | 10.0 | 550 | 34 | 13 | 60 | 0.914 | 480 |
| 胜利郑 408 块稠油 | | 7.6 | 880 | 34 | 3872 | 46.5 | 0.920 | 7280 |
| 辽河杜 84 块 | | 20.3 | 820～1140 | 22.2 | 603 | 60 | — | 300～4000 |
| 辽河油田 杜 66 块 | 上层系 | 25.0 | 800～1100 | 20.7 | 921 | 48 | — | 300～2000 |
| | 下层系 | 17.4 | 1000～1200 | 16.8 | 534 | 55 | — | 200～700 |
| 辽河锦 91 | | 26.5 | 925～1050 | 30.6 | 1896 | 45 | — | 13955 |
| 辽河前进油田廖 1 块 | | 7.0 | 1500～1750 | 23 | 210 | 60 | 0.919 | 362.4 |
| 新疆红浅 1 井区先导 | | 9.6 | 525 | 25.4 | 760 | 52 | — | 9000 |
| 新疆红浅 1 井区工业化 | | 9.1 | 510 | 26.5 | 775 | 51 | — | 7000 |

针对试验区块的油藏条件和流体性质，新疆油田、辽河油田和胜利油田均建立了注空气火驱油藏筛选标准，见表 1-10。

表 1-10　注空气火驱油藏筛选标准

| 油田 | 油层深度 m | 油层厚度 m | 孔隙度 % | 渗透率 mD | 含油饱和度 % | 原油密度 g/cm³ | 黏度 mPa·s | 储量系数 $\phi S_o$ |
|---|---|---|---|---|---|---|---|---|
| 新疆油田 | 150～1500 | 3.0～15 | >20 | >100 | >40 | — | <10000 | 0.13 |
| 辽河油田 | 150～2000 | >6 | >18 | 200–1000 | >45 | — | <10000 | — |
| 胜利油田 | <1350 | 3～30 | >16 | >100 | >35 | 0.825～1.0 | <1000 | >0.08 |

# 参 考 文 献

［1］廖广志，王红庄，王正茂，等.注空气全温度域原油氧化反应特征及开发方式［J］.石油勘探与开发，2020，47（02）：334–340.

［2］廖广志，杨怀军，蒋有伟，等.减氧空气驱适用范围及氧含量界限［J］.石油勘探与开发，2018，45（01）：105–110.

［3］廖广志，马德胜，王正茂，等.油田开发重大试验实践与认识［M］.北京：石油工业出版社，2018.

［4］何江川，王元基，廖广志，等.油田开发战略性技术［M］.北京：石油工业出版社，2018.

［5］廖广志，李立众，孔繁华，等.规泡沫驱油技术［M］.北京：石油工业出版社，1999.

［6］陈小龙，李宜强，廖广志，等.减氧空气重力驱过程中重力、黏滞力、毛管力的作用特征及其采收率预测方法［J］.石油勘探与开发，2018，45（03）：1–9.

［7］任韶然，黄丽娟，张亮，等.高压高温甲烷–空气混合物爆炸极限试验［J］.中国石油大学学报（自然科学版），2019，43（06）：98–103.

［8］李士伦，郭平，王仲林.中低渗透油藏注气提高采收率理论及应用［M］.北京：石油工业出版社，2007.

［9］张思富，廖广志，张彦庆，等.大庆油田泡沫复合驱油先导性矿场试验［J］.石油学报，2001，22（01）：49–53.

［10］陈国，赵刚，廖广志，等.泡沫复合驱油三维多相多组分数学模型［J］.清华大学学报（自然科学版），2002，42（12）：1621–1623.

［11］陈国，廖广志，牛金刚，等.多孔介质中泡沫流动等效数学模型［J］.大庆石油地质与开发，2001，20（02）：72–74.

［12］李和全，廖广志，吴肇亮，等.泡沫复合体系的泡沫功能模型及其应用［J］.江汉石油学院学报，2002，24（1）：59–61.

［13］廖广志，王连刚，王正茂，等.重大开发试验实践及启示［J］.石油科技论坛，2019，38（02）：1–10.

［14］王正茂，廖广志，蒲万芬，等.注空气开发中地层原油氧化反应特征［J］.石油学报，2018，39（03）：314–319.

［15］郭平，苑志旺，廖广志，等.注气驱油技术发展现状与启示［J］.天然气工业，2009，29（08）：92–96.

［16］中国石油勘探与生产公司.注空气火烧驱油技术论文集［M］.北京：石油工业出版社，2011.

［17］关文龙，马德胜，梁金中，等.火驱储层区带特征实验研究［J］.石油学报，2010，31（01）：100－109.

［18］Greaves M，Al Shamali O. In Situ Combustion（ISC）Process using Horizontal Wells［J］. Journal of Canadian Petroleum Technology，1996，35（04）：49-55.

［19］Greaves M，Ren S R，Xia T X. New Air Injection Technology for IOR Operations in Light and Heavy Oil Reservoirs［R］. SPE 57295，1999.

［20］Greaves M，Xia T X，Ayasse C. Underground Upgrading of Heavy Oil using THAI "Toe-to-Heel Air Injection"［R］. SPE 97728，2005.

［21］王弥康，王世虎，黄善波，等.火驱热力采油［M］.东营：中国石油大学出版社，1998：262-280.

［22］Doraiah A，Sibaprasad Ray，Pankaj Gupta. In-situ Combustion Technique to Enhance Heavy Oil Recovery at Mehsana，ONGC - a Success Story［C］. SPE 105248-MS，2007.

［23］张敬华，杨双虎，王庆林.火驱采油［M］.北京：石油工业出版社，2000：6-7.

［24］蔡文斌，李友平，李淑兰，等.胜利油田火驱现场试验［J］.特种油气藏，2007，14（03）：88－90.

［25］黄继红，关文龙，席长丰，等.注蒸汽后油藏火驱见效初期生产特征［J］.新疆石油地质，2010，31（05）：517-520

［26］关文龙，梁金中，吴淑红，等.矿场火驱过程中火线预测与调整方法［J］.西南石油大学学报（自然科学版），2011，33（05）：157-161.

［27］许强辉.稠油火驱燃烧前缘的焦炭理化特性与反应传递问题研究［D］.北京：清华大学，2017.

［28］岳清山，王艳辉.火烧驱油采油方法的应用［M］.北京：石油工业出版社，2000.

［29］张敬华，贾庆忠，等.火驱采油［M］.北京：石油工业出版社，2000.

# 注空气开发理论

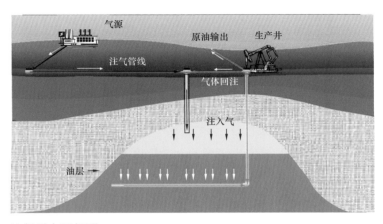

注气重力驱机理

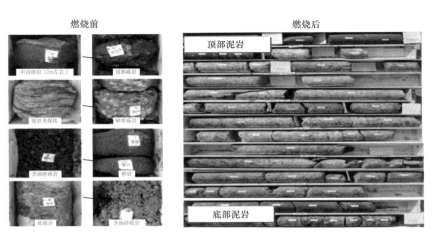

火驱前后岩心变化

# 第二章 空气原油全温度域氧化反应理论

目前，国内新增探明储量主要来自低渗透、特低渗透和致密油储层，注水开发存在"注不进、采不出"等突出问题。这类储量将是今后相当一个时期内增储上产的主要资源。纳米尺度的气体分子更容易注入储层补充能量完成驱油过程，同时与水相比，气体具有更大的可压缩性，降压膨胀可获得更大的弹性能量。国内能够用于提高采收率的天然气、二氧化碳地下资源有限，且受气藏和油藏相对位置的影响，难以远距离大规模工业化推广，工业回收二氧化碳存在一些技术与经济问题；氮气成本较高。而空气可就地取材，不受地域、空间和气候限制，组分稳定，气源丰富。沙漠、戈壁等水资源极度匮乏地区的油藏与水敏性较强的储层，空气是最受关注的气体驱油介质。据统计，吨油所需购置成本空气为零，减氧空气为 400～600 元，二氧化碳、天然气、氮气吨油购置成本分别大于 1200 元、4000 元和 2000 元，可见相对于其他气体驱油介质，空气具有明显的经济优势。

空气注入油藏后会与原油发生复杂的氧化放热反应，其反应机理和热效应随着温度发生变化。在油藏注空气开发过程中，不同的开发方式对应着不同的反应温度范围，开发机理受该温度区间内的原油氧化机理控制。为了阐述不同温度区间空气与原油的反应机理和其对油藏开发方式的影响，选择注空气开发试验区典型区块的稀油、稠油样品进行原油氧化热分析实验。

## 第一节 全温度域原油氧化反应规律

采用 Mettler Toledo 公司生产的 TGA/DSC 1 同步热分析仪研究不同黏度原油氧化过程，可以同时测量原油样品的转化速率（微商热重法，DTG）和单位质量原油样品的放热速率（差示扫描量热法，DSC）。实验过程中保护气为氮气，注入流量 79mL/min；反应气为氧气，注入流量 21mL/min。两种气体在反应室内混合均匀后横掠过坩埚表面，经过扩散作用到达物料层，物料表面的氧浓度为 21%，反应压力为常压。

选取大庆油田海塔盆地稀油和辽河高升油田稠油样品制备模拟油砂。两种原油在 50℃脱气条件下黏度分别为 23mPa·s 和 1878mPa·s。试样为 45mg $SiO_2$ 颗粒与 5mg 纯油的均匀混合物。设定升温范围为 30～600℃，升温速率 10℃/min，测量油砂样品质量变化与放热情况。

根据测量结果绘制原油样品的转化速率曲线（DTG 曲线）与单位质量原油样品的放热速率曲线（DSC 曲线）。根据曲线变化规律，注空气开发全温度域原油氧化反应可划分为溶解膨胀、低温氧化、中温氧化和高温氧化 4 个区间，各区具有不同的原油氧化反应特征（图 2-1）。

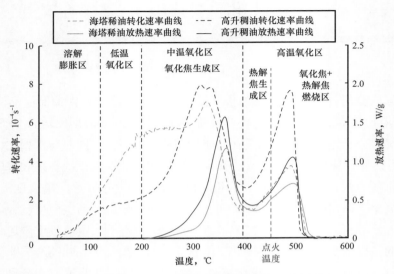

图 2-1　空气原油氧化反应全温度域分区示意图

溶解膨胀区：该区温度上限约为 120℃[1]。在该温度区间，空气注入油藏后主要以溶解膨胀物理作用为主。DSC 曲线无法观察到原油样品反应的放热速率，说明该区原油与氧气反应不明显。DTG 曲线显示在该区间原油样品存在较低转化速率，转化速率的微小变化主要由轻烃挥发导致。目前实验室内观察到的可靠的非催化原油注空气氧化放热下限温度均为 120℃左右（通过绝热加速量热仪测得）。国外注空气开发矿场试验中，也有在 80℃油藏温度下注空气放热的案例。国内轻质油藏注空气项目大多具有低渗透、小井距、纵向渗透率非均质性强的特征，且油藏内多有压裂缝，这就使得空气在地层中的停留时间大幅缩短。因此本书保留原油加速量热实验测量到的放热温度下限 120℃作为溶解膨胀区和低温氧化区的区间分界线。

低温氧化区：该区温度下限约为 120℃，上限约为 200℃。该区原油氧化热效应较弱，在 DSC 曲线上没有观察到明显的放热。DTG 曲线显示原油样品的转化速率仍由轻烃组分挥发导致。该区主要为原油低温氧化反应，虽然采用 DSC 曲线无法观察到低温氧化的放热速率，但是在绝热反应条件下，反应热的积聚效应仍可以使油藏温度升高[2]，其主要原因是加氧反应生成的醇、醛、酮、酸等含氧化合物进一步发生氧化反应生成过氧化物，过氧化物发生脱羧反应产生 $CO_2$ 和 $CO$，并释放一定量的热[3]。该区反应方程式可以简化表示为：

$$C_xH_y + O_2 \longrightarrow C_xH_yO_z \qquad (2-1)$$

$$C_xH_yO_z + O_2 \xrightarrow{\text{加热}} C_\alpha H_\beta O_\gamma + CO_2 + CO + H_2O \qquad (2-2)$$

式中　$x$——原油和其加氧产物的碳原子数，个；

　　　$y$——原油和其加氧产物的氢原子数，个；

$z$——原油和其加氧产物的氧原子数，个；

$\alpha$——原油加氧生成的过氧化物中的碳原子数，个；

$\beta$——原油加氧生成的过氧化物中的氢原子数，个；

$\gamma$——原油加氧生成的过氧化物中的氧原子数，个。

反应的具体途径如下[3]：

加氧反应过程

　　氧化成醇

$$\text{R}-\overset{\text{R}'}{\underset{\text{R}''}{\text{C}}}-\text{H} +1/2\text{O}_2 \longrightarrow \text{R}-\overset{\text{R}'}{\underset{\text{R}''}{\text{C}}}-\text{O}-\text{H} \tag{2-3}$$

　　氧化成醛

$$\text{R}-\overset{\text{H}}{\underset{\text{H}}{\text{C}}}-\text{H} +\text{O}_2 \longrightarrow \text{R}-\overset{\text{O}}{\text{C}}-\text{H} +\text{H}_2\text{O} \tag{2-4}$$

　　氧化成酮

$$\text{R}-\overset{\text{H}}{\underset{\text{H}}{\text{C}}}-\text{R}' +\text{O}_2 \longrightarrow \text{R}-\overset{\text{O}}{\text{C}}-\text{R}' +\text{H}_2\text{O} \tag{2-5}$$

　　氧化成羧酸

$$\text{R}-\overset{\text{H}}{\underset{\text{H}}{\text{C}}}-\text{H} +3/2\text{O}_2 \longrightarrow \text{R}-\overset{\text{O}}{\underset{\text{OH}}{\text{C}}} +\text{H}_2\text{O} \tag{2-6}$$

　　氧化成过氧化物

$$\text{R}-\overset{\text{R}'}{\underset{\text{R}''}{\text{C}}}-\text{H} +\text{O}_2 \longrightarrow \text{R}-\overset{\text{R}'}{\underset{\text{R}''}{\text{C}}}-\text{O}-\text{O}-\text{H} \tag{2-7}$$

剥离反应过程

$$\text{R}-\text{COOH} \longrightarrow \text{CO}_2 + \text{RH} \tag{2-8}$$

$$\text{R}-\text{CHO} + \frac{1}{2}\text{O}_2 \longrightarrow \text{RCO}\cdot + \text{HO}\cdot \qquad \text{RCO}\cdot \longrightarrow \text{CO} + \text{R}\cdot \tag{2-9}$$

$$\text{R}-\text{CHO} + \text{O}_2 \longrightarrow \text{RCO}_3\text{H} \qquad \text{RCO}_3\text{H} \longrightarrow \text{CO}_2 + \text{R}\cdot\text{OH} \tag{2-10}$$

中温氧化区:该区温度下限约为 200℃,上限约为 400℃。该区原油与氧气发生中温氧化反应,DTG 曲线和 DSC 曲线变化表明,原油样品的转化速率和单位质量原油样品的放热速率都有明显变化,在该区原油与氧气反应生成轻烃、$CO_2$、CO 和 $H_2O$ 等,同时释放大量的热。中温氧化反应为缩聚反应和断键反应,除生成轻质油、$CO_2$、CO 和 $H_2O$ 外,还生成一定量的固体焦炭(含氧条件下生成的焦炭称为氧化焦)。因地层原油(反应燃料)的质量远大于高温氧化反应生成焦炭的质量,故中温氧化反应释放出的热量也比较大,能够在地层内形成不同于高温火驱的热前缘。

在中温氧化阶段,稠油分子进一步发生氧化,形成含氧官能团并释放热量[4]。经氧化后稠油分子中的一部分裂解形成低碳数小分子化合物,最后转化为轻质油[5];另一部分通过含氧官能团之间的交联、聚合作用,形成更大分子,最终转化为氧化焦[6],反应过程同时生成碳氧化物和水。综合上述研究,其反应过程如图 2-2 所示。

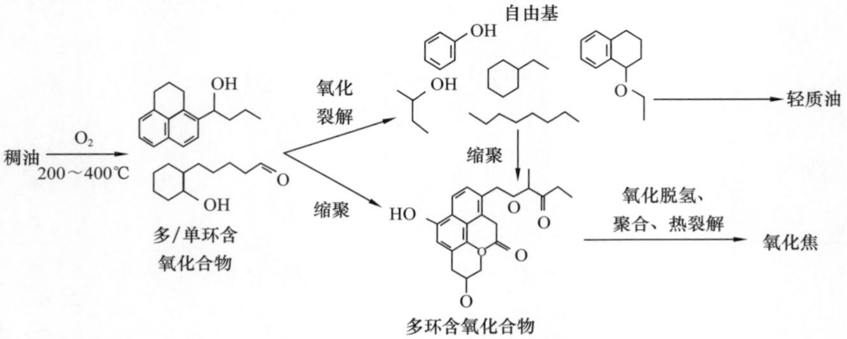

图 2-2　氧化焦形成途径示意图

高温氧化区:该区温度下限为 400℃,当反应温度高于该下限时,DTG 曲线和 DSC 曲线出现第 2 个转化速率高峰和单位质量原油样品放热速率高峰,对应的反应为固体焦炭的氧化反应,该区间为高温氧化温度区间。反应温度高于 400℃后,原油发生热裂解反应生成热解焦和轻烃。热解焦主要来源于相对分子质量大、黏度高、芳环结构复杂的胶质、沥青质组分[7, 8],其生成过程不需要氧气作用。温度高于 400℃后,直链烷基及碳氢键容易受热断键,形成小分子物质,转变为裂解油与裂解气[9]。裂解形成的自由基处于不稳定状态,容易与稳定性强的多环芳烃结合,转变为芳环数量更多的大分子多环芳烃,再经过脱氢、重整等过程最终转化成热解焦[10](图 2-3)。

中温氧化形成的氧化焦、高温氧化形成的热解焦与 $O_2$ 发生高温氧化反应生成 $CO_2$、CO 和 $H_2O$ 并释放大量的热(单位质量氧化焦进一步氧化释放热量记为 $Q_1$,单位质量热解焦进一步氧化释放热量记为 $Q_2$,单位均为 kJ/kg),反应方程式可以表示如下:

$$C_\alpha H_\beta O_\gamma + O_2 \xrightarrow{\text{加热}} CO_2 + CO + H_2O \tag{2-11}$$

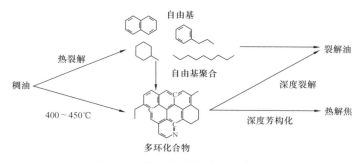

图 2-3　热解焦形成途径示意图

热解焦氧化反应

$$C_\alpha H_\beta + O_2 \xrightarrow{\text{加热}} CO_2 + CO + H_2O \qquad (2-12)$$

高温氧化的总放热量 $Q_{HT}$ 可以表示为：

$$Q_{HT} = RQ_1 + (1-R)Q_2 \qquad (2-13)$$

式中　$Q_{HT}$——单位质量焦（氧化焦 + 热解焦）高温氧化的总放热量，J/g；

　　　$R$——参与高温氧化应焦炭中氧化焦所占的质量分数，%；

　　　$Q_1$——单位质量氧化焦的氧化放热量，J/g；

　　　$Q_2$——单位质量热解焦的氧化放热量，J/g；

　　　$\alpha$，$\beta$，$\gamma$——焦炭中的碳原子数、氢原子数、氧原子数，个。

$$R = \frac{m_{coke1}}{m_{coke1} + m_{coke2}} \times 100\% \qquad (2-14)$$

式中　$m_{coke1}$——氧化焦质量，g；

　　　$m_{coke2}$——热解焦质量，g。

高温火驱开发过程中，地层中同时存在氧化焦和热解焦，Liu 等[11] 的研究表明，热解焦中含氢量较高，其氧化活性好于氧化焦，单位质量发热量也高于氧化焦。

# 第二节　注空气开发方式

空气是一种来源广、成本低、驱油效率高的新型驱油介质，不仅适用于低 / 特低渗透油藏、中高渗透油藏和潜山稀油油藏，也适用于原始稠油油藏的一次开发、注蒸汽后稠油油藏大幅提高采收率等。注空气开发技术具有采收率高、成本低、节能、节水、绿色等特点，具有广阔的应用前景，在低品位油、致密油的有效动用方面也具有独特优势，将成为未来最具发展潜力的战略性开发技术。

在不同的温度区间，空气与原油具有不同的氧化反应特征。油藏温度（稀油油藏注空气驱油）和燃烧前缘温度（稠油油藏注空气火驱）不同，空气与原油之间的主要作用机理不同，注空气开发的方式也不同。经过多年持续攻关，目前已形成了稀油减氧空气驱、稀油空气驱、稠油注空气中温火驱和稠油注空气高温火驱4种注空气主体开发技术。

按照油藏温度的差异，稀油油藏注空气开发形成了减氧空气驱和空气驱2种主体技术：（1）当油藏温度低于120℃时，空气与原油之间的加氧反应放热量极小，在油藏条件下反应放热难以积聚，氧气在地层条件下无法充分消耗，如果生产井氧含量大于10%，将存在爆炸的风险，该类油藏的主要操作策略是降低注入空气的氧浓度至10%以下，采用减氧空气驱技术[1]；（2）当油藏温度高于120℃时，低温氧化逐渐成为主要反应类型，氧气在油藏内充分消耗，反应放热可以有效积聚，能够提高油藏温度、降低原油黏度、增加原油流动性。当稀油油藏处于该温度区间时，可以采用空气驱技术实现安全开发。由于区块储层矿物催化作用、油品氧化特性、油藏压力、注采井距和裂缝等条件不同，在油藏温度为120℃左右时，要根据具体情况进行分析，确定采用减氧空气驱或是空气驱进行开发。

稠油油藏采用不同的点火方法可形成不同温度的燃烧前缘，当前缘温度低于400℃时，主要发生原油中温氧化反应，其燃料主要是地层中的原油，开发方式为中温火驱；当前缘温度高于450℃时，主要发生焦炭高温氧化反应，其燃料为中温氧化生成的氧化焦和400~450℃温度区间热解缩聚反应生成的热解焦，这两种焦在温度大于450℃时快速燃烧并大量放热，形成稳定的燃烧前缘，此时开发方式为高温火驱。不同油藏原油氧化作用机理及开发方式见表2-1。

表2-1　不同油藏注空气开发空气作用机理及开发方式

| 油藏类型 | 稀油油藏温度℃ | 稠油火驱前缘温度℃ | 主要机理 | 开发方式 |
|---|---|---|---|---|
| 稀油 | <120 | | 溶解膨胀 | 减氧空气驱 |
| | >120 | | 低温氧化、加氧反应为主 | 空气驱 |
| 稠油 | | 200~400 | 中温氧化、氧化焦形成 | 中温火驱 |
| | | >450 | 高温氧化、热解焦形成、氧化焦+热解焦氧化 | 高温火驱 |

## 一、稀油油藏减氧空气驱

从2009年开始，中国石油针对低渗透、水敏及高含水、潜山等类型油藏陆续开展了多项减氧空气驱开发试验[12]，拓展了减氧空气驱提高采收率技术的应用领域。在此基础上形成相应的油藏工程方法、配套注采工艺和地面工程配套技术，保证了注减氧空气试验项目的安全高效运行。

适合减氧空气驱的油藏分布广、类型多、单井注气能力差异较大，不同区块注入减氧空气的压力、气量和氧含量等主要指标各不相同。中国石油研发了减氧空气一体化装置，在压力、流量匹配、智能联控及连锁保护等关键技术方面取得了突破，初步形成了注入压力 15～50MPa、排量 $3×10^4～20×10^4 m^3/d$、含氧浓度 2%～10% 的标准化、橇装化、系列化成套装备，为减氧空气驱的工业化应用提供了保障。

减氧空气驱适用于油藏温度低于 120℃的稀油油藏，空气与原油之间的加氧反应放热量极小，该类油藏的主要操作策略是降低注入空气的氧浓度至 10% 以下，采用减氧空气驱技术。

## 二、稀油油藏空气驱

油藏温度较高的稀油油藏，可直接注入空气，利用原油氧化热在地下的积聚，提高油层局部温度，进而实现氧气的有效消耗。空气驱采油综合了气驱、补充地层能量、低温氧化等多种驱油机理。注空气初期主要是保持或提高地层压力和气驱作用，由于氧化生热能够有效累积，后期热效应也是其重要的驱油机理。氮气驱没有热效应，只有一个气驱作用的产油高峰，而空气驱开发在气驱产油高峰之后还存在一个热效应作用的产油高峰[13]。

空气驱适合温度大于 120℃的高、中、低、特低渗透油藏（包括砂岩、砾岩、碳酸盐岩等类型），开发中仅需采用压缩机将空气连续注入油层，地面流程简单。与减氧空气驱相比，空气驱无减氧过程，降低了地面工程的投资和减氧成本，提高了空气驱的经济效益，但由于氧气浓度较高，存在一定的爆炸风险，在实施过程中需要在压缩机出口、注气井井口、采油井井口等处监测氧气、烃类气体浓度的变化，特别是注气井和气窜的采油井，需要在注入过程中精准调控，降低爆炸风险。另外，高压、高温和高氧含量空气的注入，对注气井管柱存在较强的氧腐蚀，需要加强腐蚀情况监控和防腐措施。

## 三、稠油油藏注空气中温火驱

对于黏度较低的普通稠油油藏，可采取化学点火方式把油藏加热到 200～400℃。在该温度区间，中温氧化反应释放出较多的热量。通过持续注入空气，使 200～400℃的反应热前缘在地下推进，形成稠油中温火驱开发。

注空气中温火驱主要采用化学点火方式，形成的燃烧前缘温度较低（一般低于 400℃），对地层原油的改质作用较弱，该技术主要适用于地层原油黏度较低的普通稠油油藏。

## 四、稠油油藏注空气高温火驱

注空气高温火驱技术具有较广泛的适应性，既可用于普通稠油油藏，也可用于胶质和沥青质含量较高的特/超稠油油藏；既可以应用于稠油油藏的一次开发，也可以应用于注蒸汽后期稠油油藏进一步提高采收率。现阶段注空气高温火驱一般选用电点火的方式点燃油层，过程中伴随着传热和复杂的物理化学变化，具有原油改质、蒸汽驱、热水驱、烟道气驱等多种驱油机理。

注空气高温火驱通过注气井向油层连续注入空气并点燃油层，在油藏内形成450℃以上稳定扩展的高温燃烧前缘，从而将地层原油从注气井推向生产井。注空气高温火驱在燃烧前缘的前方可以形成高含油饱和度的油墙，可对油藏的高含水通道、裂缝等进行封堵，进而通过高温燃烧前缘对油层实现纵向上的高效波及。

# 参 考 文 献

[1] 廖广志，杨怀军，蒋有伟，等.减氧空气驱适用范围及氧含量界限［J］.石油勘探与开发，2018，45（01）：105-110.

[2] Sarma H K，Yazawa N，Moore R G，et al. Screening of Three Light-oil Reservoirs for Application of Air Injection Process by Accelerating Rate Calorimetric and TG/PDSC Tests［J］. Journal of Canadian Petroleum Technology，2002，41（03）：50-61.

[3] Burger J G. Chemical Society of Petroleum Aspects of In-situ Combustion：Heat of Combustion and Kinetics［J］. Engineeers Journal，1971，12（05）：410-422.

[4] Khansari Z，Gates I D，Mahinpey N. Low-temperature Oxidation of Lloydminster Heavy Oil：Kinetic Study and Product Sequence Estimation［J］. Fuel，2014，115：534-538.

[5] Khansari Z，Kapadia P，Mahinpey N，et al. Kinetic Models for Low Temperature Oxidation Subranges based on Reaction Products［R］. SPE 165527，2013.

[6] Metzinger T H，Huttinger K J. Investigations on the Cross-linking of Binder Pitch Matrix of Carbon Bodies with Molecular Oxygen：Part I. Chemistry of Reactions between Pitch and Oxygen［J］. Carbon，1997，35（07）：885-892.

[7] Guo A，Zhang X，Zhang H，et al. Aromatization of Naphthenic Ring Structures and Relationships between Feed Composition and Coke Formation during Heavy Oil Carbonization［J］. Energy & Fuels，2009，24（01）：525-532.

[8] Liu D，Song Q，Tang J，et al. Interaction between Saturates，Aromatics and Resins during Pyrolysis and Oxidation of Heavy oil［J］. Journal of Petroleum Science and Engineering，2017，154：543-550.

[9] Martinez-escandell M，Torregrosa P，Marsh H，et al. Pyrolysis of Petroleum Residues：I. Yields and Product Analyses［J］. Carbon，1999，37（10）：1567-1582.

[10] Fakhroleslam M，Sadrameli S M. Thermal/catalytic Cracking of Hydrocarbons for the Production of Olefins：A State-of-the-art Review III：Process Modeling and Simulation［J］. Fuel，2019，252：553-566.

[11] Liu D，Hou J，Luan H，et al. Coke Yield Prediction Model for Pyrolysis and Oxidation Processes of Low-asphaltene Heavy Oil［J］. Energy & Fuels，2019，33：6205-6214.

[12] 廖广志，马德胜，王正茂，等. 油田开发重大试验实践与认识［M］.北京：石油工业出版社，2018.

[13] Montes A R，Gutiérrez D，Moore R G，et al. Is High Pressure Air Injection（HPAI）Simply a Flue-gas Flood［R］. SPE 133206，2010.

# 第三章 空气驱理论

空气驱提高采收率技术具有成本低、易获得、可无限供给及可与原油发生低温氧化反应等优点，此外，空气驱技术已被证实无论是在重质油油藏还是轻质油油藏中均具有较好的效果。常规注气技术如连续注气与水气交替技术，都会存在由于油气密度差异导致的重力超覆问题，注气重力驱技术是利用已有的垂直井将气体注入储层顶部，由于注入气与储层内原有流体之间的密度差会分离形成一个近水平的气—液界面，随着连续注入，气体向下运移并且体积横向扩大，气—液界面被慢慢推向位于油水界面以上产层底部的水平采油井。理论研究和矿场实践表明，注气重力驱技术可以抑制黏性指进、扩大波及体积，提高微观驱油效率，极大地提升最终采收率。空气驱与重力驱相结合既可以发挥重力驱的优势，同时重力驱可以延缓气体突破时间，有效提高低温氧化的反应时间，两者具有一定的协同驱油作用，故空气重力驱具有较大的应用前景。本章从驱油机理、影响因素及界面稳定性三个角度阐明了空气重力驱理论，并提出了符合国内油藏实际情况空气重力稳定驱油藏工程应用设计模式，为实施空气重力驱开发油藏的现场应用提供借鉴。

## 第一节 常规气驱理论

据统计，我国大部分储层属陆相沉积，非均质性严重，水驱采收率较低，新发现的储量又多具有低渗透及高黏度等难开采的特性，发展新的提高石油采收率技术已成为陆上石油工业继续发展的迫切战略任务。近年来，注气提高采收率技术广泛被研究与应用，由于注气具有易流动、降黏、体积膨胀、降低界面张力等注水达不到的开发效果，因此注气开发技术逐渐成为接替传统的注水开发模式的新型绿色驱替技术，在低渗透油藏、缝洞型碳酸盐岩油藏、致密油藏、稠油油藏、裂缝油藏、断块油藏等多种油藏中均取得了较好的应用效果。注气提高采收率技术可以向油藏中注入的气体包括：烃类气体、$CO_2$、$N_2$、烟道气、空气等气体，可以和储层流体形成混相或非混相驱动模式，具有巨大的提高采收率潜力。

### 一、混相驱替提高采收率原理

混相的定义是当两种或多种流体按任何比例混合后没有流体间相界面形成，所有的混合物都保持单一均质相时，称这些流体是混相的。反之若有流体相的存在，则认为这些流体是不混相的。在注气混相驱替过程中，注入气在储层条件下驱替地层原油，两种流体之间发生扩散、传质作用使注入气与原油之间相互溶解而不存在相界面，此时即形成混相。流体发生混相之后完全消除了界面张力，多孔介质中的毛细管力降至零，从而降低因毛细管效应产生毛细管滞留所圈闭的石油，由此大幅度提高驱油效率。

按混相方式的不同，混相驱替可以分为一次接触混相和多次接触混相，多次接触混相也称动态混相。

### 1. 一次接触混相（FCM）

一次接触混相是在一定的温度和压力下，注入流体能按任何比例直接与地层原油相混合并保持单相的过程。通常来说中等分子量烷烃，如丙烷、丁烷或液化天然气等是常用来进行一次接触混相驱的注入剂。图 3-1 所示为溶剂段塞的一次接触混相示意图，表示一次接触混相的相态要求，这个三元相图上的液化天然气溶剂用拟组分 $C_2$—$C_6$ 代表。所有的液化天然气和原油的混合物都位于单相区，而且只要注入溶剂和原油之间的连线没有经过两相区，都认为在该温度和压力条件下是一次接触混相的。值得注意的是，溶剂与原油要达到一次接触混相，驱替压力必须位于临界凝析压力之上，因为溶剂与原油的混合物在这一压力之上才为单相状态。

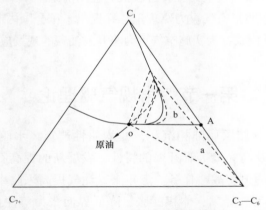

$C_1$—干气（易挥发组分）；$C_2$—$C_6$—液化天然气溶剂（中等挥发组分）；$C_{7+}$—贫气（不易挥发组分）；
A——一次接触混相点；o——原油组成点；a——一次接触混相区；b——多次接触混相区

图 3-1　溶剂段塞的一次接触混相示意图

### 2. 多次接触混相（MCM）

多次接触混相是指在一定的温度和压力下，注入流体与地层原油虽然不能发生一次接触混相，但在流动过程中经过两相间的反复接触，发生充分的相间传质作用，最终也能达到混相的过程。注入气体后，油藏原油与注入气之间出现就地的组分传质作用，形成一个驱替相过渡带，这种原油与注入流体在流动过程中重复接触而靠组分就地传质作用达到混相的过程，称为多级接触混相或动态混相。天然气、$CO_2$、烟道气、$N_2$ 以及富烃气等气体都能与地层原油达到多次接触混相，在多次接触混相驱中，常用到两个概念，即向前接触和向后接触。向前接触是指平衡的气相与新鲜的原油相接触，通过蒸发或抽提作用进行相间传质；而向后接触是指平衡液相与新鲜注入气之间的不断进行的相间传质。这两种驱替过程是同时但在不同地点发生，向前接触发生在驱替前缘，而向后接触发生在驱替后缘。多次接触混相根据传质方式不同又可分为凝析气驱（富气驱）及汽化气驱（贫气驱）两种驱替方式。

1）凝析气驱混相

富烃气富含 $C_2$—$C_6$ 中间组分，它不能与油藏原油发生一次接触混相，但在适当的压力下可与油藏原油达到凝析气驱动态混相，即注入的富气与油藏原油多次接触，并发生多次凝析作用，富气中的中间组分不断凝析到油藏原油中，原油被逐渐加富，直到与注入气发生混相。

图 3-2 所示为凝析气驱混相示意图，说明了富气凝析气驱混相的机理，油藏原油及注入富气 B 组成如图 3-2 所示，可见油藏原油与富气起初并不发生混相，富气开始接触油藏原油后，由于富气中的中间组分溶解于原油中导致原油加富，此时油藏流体组成变为 $M_1$，其相应的平衡气液分别为 $G_1$ 与 $L_1$，随后再注入富气推动可移动的平衡气体 $G_1$ 向前进入油藏，留下平衡液体 $L_1$ 供注入的新鲜气 B 接触并发生混和，在这一位置上形成一新的混合物 $M_2$，其平衡气液为 $G_2$

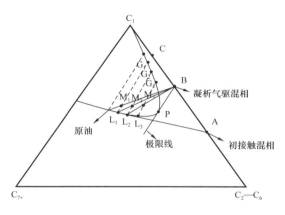

图 3-2　凝析气驱混相示意图

与 $L_2$，此时 $L_2$ 比初接触留下的 $L_1$ 更富，当继续注入富气后，重复上述过程，井眼附近液相组成以同样方式逐渐沿泡点曲线发生改变，直至临界点 P，此时油气不存在相间界面，可以认为达到混相状态。显然，富气混相驱是多次接触混相过程，通过注入富气的中间组分不断凝析到原油中，原油逐渐加富，从而在注入气的后端实现混相。通常必须注入相当多的富气才使混相前缘的混相得以保持，一般采用的富气段塞为 10%～20% 的孔隙体积。

2）汽化气驱混相

达到动态混相驱替的另一个机理则是依靠就地汽化的作用使中间分子量烃从油藏原油汽化进入注入气体，使注入气富化而实现汽化气驱动态混相，这种达到混相的方法称作汽化气驱过程。依靠这一方法，用天然气、$CO_2$、烟道气或氮气作为注入气，是可能达到混相的。

以甲烷—天然气作为注入溶剂为例，图 3-3 所示为汽化气驱混相示意图，说明了达

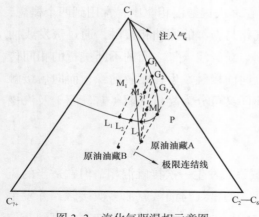

图 3-3　汽化气驱混相示意图

到汽化气驱混相的机理。由图 3-3 可知油藏原油 A 含有较多的中间分子量烃，它的组成位于通过临界点 P 的极限连结线上。注入气体和油藏原油在开始是不混相的，因此注入气体开始从井眼向外以非混相方式驱替原油，在注入气前缘驱替过的位置后留下一些未被驱替走的原油（剩余油）。假设注入气体和初次接触后未驱替走原油的总组成为 $M_1$，则平衡的油藏中液体为 $L_1$，气体为 $G_1$。随后注入气体推动平衡气体 $G_1$ 更深入地进入油藏，平衡气 $G_1$ 接触新鲜的油藏原油，通过第二次接触达到新的总组成 $M_2$，其相应的平衡气体和液体为 $G_2$ 和 $L_2$。进一步注入气体，使气体 $G_2$ 向前流动接触新鲜的油藏原油，并重复上述过程。驱替前缘的气体组成沿露点曲线逐渐变富，直到它达到临界点 P 为止，临界点流体可直接与油藏原油发生混相，只要油藏原油的组成点位于极限系线上或其右侧，注入气组成位于极限系线右侧，依靠汽化气驱机理就可能达到混相。如果原油组成位于极限系线的左侧，则气体的富化仅能发生到位于延长后通过原油组成的系线上的平衡气体的组成。但如果驱替油藏原油变为 B，则注入气体只能被富化到平衡气体 $G_2$ 的组成，但不会继续富化到超过这一组成，因为气体 $G_2$ 进一步接触油藏原油仅能产生位于通过 $G_2$ 系线上的混合物。原油组成必须位于极限系线右侧的要求意味着只有欠饱和甲烷的原油能够被甲烷或天然气混相驱替，因此泡点曲线上的原油组成 $L_2$ 与甲烷—天然气不会发展为汽化气驱混相。

在注气过程中，随着油藏原油的中间分子量烃浓度的减小，为达到混相要求需要更高的压力，增加压力可以增加汽化作用，使中间分子量烃汽化进入蒸气相，从而减小两相区并改变连结线的斜率，但对许多油藏来说，使用甲烷 / 天然气、$N_2$、烟道气所需的混相压力太高，这在油藏注入工程中是难以实现的。

## 二、非混相驱替提高采收率原理

当油藏注气工程达不到要求的混相压力时，进行注气开发只能是非混相驱替模式开发。非混相开发模式具有提高原油采收率的作用，该方式主要通过注入气降低原油黏度、蒸发、抽提、膨胀原油和溶解气体驱动等方式来实现。当向油藏中注入非混相气体时，一些注入气溶解于油藏流体之中使得油藏流体产生溶胀作用，通过降低原油黏度来降低有效流动比。而剩余注入气留存于孔隙中，此时油气形成两相体系，当注入气在油藏中运移的过程中可能会从原油中抽提（萃取）出一些轻烃组分，这取决于注入气的种类与性质，抽提出的轻烃组分也较难与油藏流体发生混相。由于注入气具有较高的流度，继续在油藏中向前流动，直到气体发生突破后由采出井采出。这种驱替方式使得一部分储层中的剩余油能够被驱动和生产出来，事实证明非混相驱能够比水 / 聚合物驱更有效地波及储层原油。

非混相驱替特征主要表现在：

（1）注入溶剂时，一些溶于油藏流体中，另一些保留为上相，因此形成两相体系；

（2）形成的上相向前运移，与更多的油藏流体接触，从油藏流体中抽提、萃取出一些中间烃组分，或原油从溶剂中抽提一部分中间烃组分，此时上相抽提的组分不足以在排驱前缘或后缘达到混相；

（3）由于具有较高的流度，上相继续流动，其中一些溶解于储层流体之中，而更多从原油中抽提或从上相凝析中间烃组分，但永远无法达到混相成为单相体系；

（4）上相流体早期突破，此时原油采收率较低。

理论和实践都已证明，混相驱的驱油效率要高于非混相驱。而注气开采的驱油效率很大程度上取决于驱替压力，只有当驱替压力高于最小混相压力时才能达到混相驱替，混相驱和非混相驱应用的界限就是最小混相压力。当驱替压力小于混相压力时，注入气体与原油不能达到混相，就不能取得很高的采收率；当驱替压力过高，高于混相压力，虽然能达成混相，但达到高压条件时需要的投资和花费更大，这是不可取的，也是不必要的。

# 第二节　重力驱油理论

## 一、注空气重力驱提高采收率机理

### 1. 注气辅助重力驱论述

提高采收率的过程可以分为化学驱、气驱、热驱及微生物驱。对于注气提高采收率，二氧化碳（$CO_2$）、氮气（$N_2$）、烟道气（工厂烟囱排出的热气体）或烃类气体等气体是注入储层以实现提高采收率的主要驱替介质。气驱提高采收率技术常用的工艺有连续注气（CGI）、水交替气（WAG）和气体辅助重力泄油（GAGD）[1, 2]，CGI 和 WAG 技术都是将气体水平地注入储层把油驱替到生产井中（图3-4）。气体辅助重力泄油是通过一口直井向油层顶部注气，底部水平井进行产油。

CGI 通常使用 $CO_2$ 作为注入剂，以利用注入压力高于混相压力时产生的混相条件。在这种情况下，有利于轻质油中的中间组分向气体的传质。二氧化碳和石油之间的反复接触使这一提取过程能够在整个驱替过程进行，直到产生较小密度的二氧化碳，其中含有提取出的石油成分。尽管这个过程在微观层面上也能起作用，然而，由于密度的差异，气体往往会向上运移，这限制了油气的接触机会，使得这一过程的驱油效果大大降低。此外，由于这种工艺固有的不利的流动比，导致了黏性指进，进一步阻碍了宏观波及体积的扩大[3, 4]。水气交替是水气按照设计的段塞尺寸依次水平注入油藏。其原理是由于水的黏度大于油气，流度比降低，驱替前缘移动均匀，指进较少，从而提高了气体的波及效率。尽管如此，有学者指出在实际实施中，很难在整个驱替过程保持一致且稳定的油气前缘。这是因为油气密度差仍然普遍存在，使得典型的 WAG 过程中气体覆盖和水覆盖现象严重，导致形成了一个未被水气波及的区域。另外，在 WAG 之前，如果油藏长期被水淹，多余的水会导致水阻塞效应。这种效应阻止了气体接触石油，从而减少了气体对石油的驱替过程[5]。

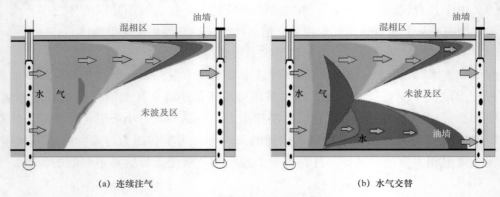

(a) 连续注气    (b) 水气交替

图 3-4　水平注气驱替模式示意图

GAGD 旨在利用油气密度差来克服 CGI 和 WAG 的局限性。由于气体在驱替过程中倾向于向上运移，所以 GAGD 允许这种情况发生，以便最终在含油层顶部形成气顶（图 3-5）。这个气顶逐渐下降到底部，取代了最初被石油占据的孔隙空间，同时石油通过重力排入水平生产井[6]。研究表明，重力稳定驱替与之前的方法相比可以驱替更多的原油。GAGD 的另一个优点是，无论注入气体与石油是混相还是非混相，它都能比 CGI 和 WAG 提供更好的驱油效果。并非所有油层都能承受形成混相所需的高注入压力，所以并不是所有的油田都能很好地利用 $CO_2$，利用 GAGD 注入非混相气体（如空气、氮气）将是实现 GAGD 对更大范围储层的增油效益的首选方法。目前国外油田 Ryckman Creek、Hawking Dexter 和 West Hackberry[7, 9]等 7 个 GAGD 油田项目的最终采收率都很高，提高采收率可以达到 50%～90%。

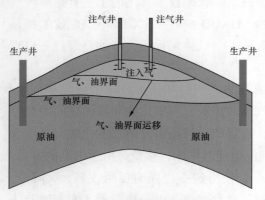

图 3-5　GAGD 驱替模式示意图

## 2. 注气重力驱宏观驱油机理

（1）驱替高部位剩余油。

注入气体利用油气密度差下的重力分异作用，进入油藏顶部水驱未波及的部位，在重力、注入压力及油气膨胀等作用下，顶部的剩余"阁楼油"得以被动用，形成新的油气驱替前缘，并且能够较为平稳地向构造低部位推进。

（2）稳定驱替前缘，扩大波及体积。

在合理控制注采参数的情况下，油藏内部流体逐渐形成从上到下气—油—水的分布状态，注入气体能够形成较为稳定的驱替前缘，有效抑制黏性指进现象和舌进现象，延迟气体突破时间，减轻气窜现象，延长高效稳定驱油时间，扩大波及体积。

（3）形成次生气顶。

在注入气体一定时间后，油藏顶部会形成一定能量和规模的次生气顶。人工次生气顶在扩大的过程中，推动油气界面向下移动。界面移动过程中，前缘形成"油墙"可富集沿途的可动油，达到有效增油目的。

### 3. 注气重力驱微观驱油机理

注气重力驱替提高采收率的潜在微观驱油机理是由 Dumore 和 Schols[10] 首次发现的。他们利用 10 种不混相气在原始含水饱和度下进行重力驱油实验，发现该油可以驱至很低的饱和度。他们认为残余油主要是通过油膜流的方式产出的。油在有气体存在的情况下在水面上扩散和形成膜的能力是一种流体—岩石（润湿性）和流体—流体（界面和表面张力）相互作用的三相流动现象。这种效应通常用一个叫作流体铺展系数的参数来表示：

$$S = \sigma_{gw} - \left( \sigma_{ow} + \sigma_{og} \right) \tag{3-1}$$

式中　$S$——流体铺展系数，N/m；

　　　$\sigma_{gw}$——气水界面张力，N/m；

　　　$\sigma_{ow}$——油水界面张力，N/m；

　　　$\sigma_{og}$——油气界面张力，N/m。

在水平方向的投影公式为：

$$\sigma_{og} \cos\theta_{og} + \sigma_{ow} = \sigma_{gw} \tag{3-2}$$

由式（3-1）和式（3-2）可以看出，流体铺展系数（$S$）与油气接触角（$\theta_{og}$）有关：

$$\cos\theta_{og} = 1 + \frac{S_{ow}}{\sigma_{og}} \tag{3-3}$$

式中　$S_{ow}$——水相与油相之间的流体铺层系数。

由式（3-2）可知，当流体铺展系数为负数时，系统受力是可能保持平衡的。因为 $\left| \cos\theta_{og} \right| \leqslant 1$。故当流体铺展系数小于 $-2\sigma_{og}$ 时，油相在水面上形成水滴或水晶体。当流体铺展系数为正时，意味着气水界面张力大于油水界面与气油界面张力之和，因此如图 3-6（b）所示，在三相接触周面上气水界面张力占据主导地位，故在被水覆盖的平面上，油在有气体存在的情况下自发地在水面上扩散，形成油膜[11]。

在气体辅助重力驱替过程中，油作为中间相能够在亲水岩石和空气之间扩散，扩散的油膜有助于保持油相的流动连续性，这有利于油的采出。原因在于当气体在多孔介质中流动并绕过一些油时，孤立的油团可以通过扩散膜提供的连续路径重新连接为体积相。体积相重新流动，最终在出口处开采出了重新连通的油，残余油饱和度降低，提高了采收率[12]。然而，当原油为非扩散相时（即有负流体铺展系数），任何被绕过的石油就会被滞留且无法流动，主要是因为没有连续的路径重新连接这些油滴到采出端。因此，油相非扩散系统的残余油饱和度较高[13]。

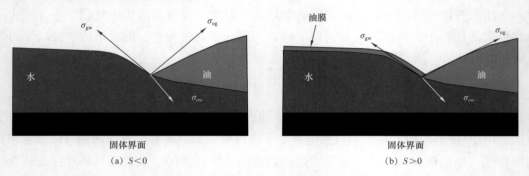

图 3-6　水湿岩石中油气水三相分布特征

由于油膜流的影响在油藏后期起主导作用，因此目前针对油膜流的研究大多是在残余油饱和度条件下进行的。亲水介质也通常用于研究重力排水的实验工作中。这是因为除了中间相的扩散外，影响三相流动中采油的另一个因素是多孔介质的润湿性。目前已有的认识是亲油体系比亲水体系的剩余油少，负扩散油的油湿系统比水湿系统采出更多的油[14]。因此，在 GAGD 三相流动条件下，流体—流体相互作用（扩散效应）和流体—岩石相互作用（润湿性效应）是原油开采的主要机理。油膜流与润湿性是影响 GAGD 驱油效果的内在原因，反应在岩心尺度的驱油特征是在驱替的早期阶段，大量的石油在短时间内快速生产，直到气体突破。突破后，在长周期的膜流作用下，产油速率先保持不变之后急剧下降，直至采收率曲线接近平稳。在气—油前缘后的剩余油启动驱替过程中，扩散膜的引流效应起主导作用。这意味着采用气体辅助重力驱油作为水驱后的三次采油技术，是具有理论可行性的。

孔隙尺度的研究主要是利用微观模型使孔隙水平的驱替机制可视化，目前国内外已有许多学者对此进行了相关研究，并取得了一定的认识。通过观察微观模型实验发现，当气油前缘向前推进时，油团可以以多种方式向下游运动[15]。这些油团要么凝聚成一个大油簇，然后被排到出口，要么被推入更小的孔隙，然后被绕过。如果下游没有油滴，油气前进锋面就会变薄，沿路径形成油膜。但这只是对驱替整个过程最鲜明特点的说明。实际上三相流过程是非常复杂的。这是因为扩散行为和润湿性影响了流体的孔隙占有率及其随后的流动性。与一相润湿而另一相不润湿的两相体系相比，三相体系中存在第三相，即中间相。中间相的存在使孔隙尺度上的流体构型复杂化，影响了驱替机理。

当油膜在水相和气相之间扩散时，容易形成油膜，这是 GAGD 三相流过程中的重要机理。为了调动滞留的残油团，需要通过扩散膜建立的液流通道将它们重新连接，形成更大的油团。在流动初期，当气体侵入孔隙时，油—水界面很容易通过亲水膜提供的低阻力路径传播到出口端。随后，随着水的排出，油水界面不得不通过扩散膜提供的高阻力路径，这减慢了它们的传播。与不扩散体系进行对比，扩散体系的残余油采收率要远大于非扩散体系的残余油采收率。Oren（1994）进一步解释了不扩散体系三次采油率较低的原因。在负扩散水湿系统中，油在有气体和水的情况下不会在薄膜中扩散[16]。相反，气—油—水界面为最大限度地降低系统的自由能会形成三相接触线。当气体侵入含油孔隙时，会形成附加的三相接触线。这将导致排开的油被分解成更小的油团，并困在周围的孔喉中。油膜流主要发生在孔隙喉道中。当气—油前缘从孔隙喉道向孔隙推进时，油流存在压力梯度。压力梯度导致在孔隙体中被驱替的油沿孔隙喉道通过油膜逆流。而当正扩散体系的油膜孔隙发生气侵时，油膜的存在为驱替后的油与前缘后的油重新连通提供了一条通道。这一过程在整个网络中重复发生，最终形成油层，并最终降低残余油饱和度。

## 二、注空气重力驱影响因素分析

### 1. 储层润湿性

储层岩石的润湿特性对气体驱替能力的影响已经在实验室中得到证实。储层岩石的润湿性质不仅决定了储层孔隙空间中的油气水分布，而且还影响着产油过程中的流体流动特性。Grattoni 等[17]最早提出润湿性对注气辅助重力驱的采收率存在较大影响，研究表明，在油湿油藏中，油相已经作为连续膜存在于固体表面上，气体的注入可以有效地使油相膨胀，即使在较低的气体饱和度下也能够获得较大的采收率；相反，对于水湿系统，油以分散状存在于孔隙中。注入气为了驱替残余油，首先要将残余油的物理形态从液滴转变为流动阻力较小的膜状，相同条件下，驱替出的油要明显少于油湿系统。Khorshidian 等[18]通过微观可视化模型实验，更加详细地给出了润湿性对 GAGD 的影响。油湿的采出程度比水湿要好，主要是因为油湿情况下，储层非均质性的存在，造成的小孔径的油相在油湿情况下毛细管力是动力，孔径越小，越容易驱出；而水湿则相反。同时油湿还存在油的连续流动路径，可以带出更多的油。通过不同油气密度与黏度比的实验发现减小油气界面张力和油气密度差的比值可以提高水湿条件下非混相驱采收率，但是对于油湿系统的最终采收率的影响不大。Mason 和 Morrow[19]通过室内实验和网格模型研究发现，混合润湿系统相较于水湿系统而言更有利于获得较高的采收率。

### 2. 储层非均质性

层间和层内非均质性严重制约了采油过程的顺利进行，因为其控制着驱替中的流体注入的难易程度和波及类型。非均质性会为水平气体驱替带来一系列负面影响，如早期气体快速突破以及油藏波及效率低等问题。相反，在重力稳定（垂直）气体驱替中，非均匀分层可以延迟由于气体分散作用引起的快速突破，并且还可以通过水平沉积的高渗透层抑制气体大量向下运移，从而改善最终波及效果。Delalat 等[20]通过数值模拟研究发现对于 GAGD 开发油藏，均质裂缝驱油效率最高为 40%；然而在非均质裂缝中，效率取决于裂缝密度值，最大驱油效率约为 37%。Joshi[21] 提出在天然裂缝储层中使用水平井可以提高采收率，垂直井由于裂缝交叉导致有效排水的概率较高，采收率下降。通常天然裂缝储层通常具有非常低的基质渗透率，裂缝是其产量的主要来源。这一论点表明，与水平注气相比，油藏的非均质性对 GAGD 可能存在促进作用。Mahmoud 等[22]用圆柱管近似代替天然裂缝设计了一套可视化模型来模拟天然裂缝油藏以研究裂缝对 GAGD 的影响。结果证明，将非混相 GAGD 方法应用于裂缝性油藏中具有一定的可操作性，裂缝的存在对 GAGD 的采收率影响微乎其微。Watheq 等[23]通过室内岩心驱替实验也验证了这一观点。

### 3. 流体铺展系数

流体铺展系数和润湿性影响气—油—水分布，从而影响气体注入油藏期间的采收率。流体铺展系数代表着油/水/气体系统中三个界面张力（IFT）之间平衡关系。流体铺展系数数值（以及储层润湿性）对于确定三个共存于储层内的相之间的平衡扩散特征是至关重要的。流体扩散特性严重制约着气体驱替中的原油采收率，特别是在气体辅助重力驱替中。Rao[24] 概念性地总结了各相在储层内的空间分布对流体铺展系数和润湿性的依赖性。提出从石油开采的角度来看，正铺展系数条件对于提高采收率是有利的。Oren 等[16]利用微观模型实验可视化地表征了润湿性和流体间扩散对气体驱替采收率的影响，证明流体铺展系数的正值有助于确保注入气体和储层之间连续油膜的形成且这一现象通常发生在水层上，从而导致注入气体与储层内水相的接触机会大大减少，减弱了油水的竞争流动。流体铺展系数为负值表示在水和气体之间存在不连续的油分布，原油很难形成连续油膜，从而使气水接触并因此降低原油采收率。

### 4. 流体物理性质

对于连续注气（CGI）和水气交替（WAG）而言，在油藏内部，由于油气密度差使得注入气上浮形成超覆作用，导致波及系数大大降低，严重影响油气采收率。然而对于注气辅助重力驱而言，这种重力分异作用却对采收率起着增益作用，使得波及系数明显增大，很大程度上抑制了黏度指进且延缓了气体过早的突破。油气黏度和油气黏度比主要是影响油气界面的稳定性。可通过调整油气流度比，延缓气体突破。

### 5. 可流动水饱和度

常规注气开发，可流动水的存在一定程度上阻碍了油气的直接接触，降低了混相的发生，同时也会导致开采初期出水严重的问题，极大地限制了注气效率从而降低了采收率。而对于 GAGD 开发油藏可动水饱和度的影响目前国内外研究较少。Dumore 等[25]在高渗透率岩心中进行了重力驱实验，发现岩心内部可流动水饱和度是重力驱替中获得理想采收率的关键因素。可流动水饱和度越高，GAGD 效果越差，可流动水的存在降低了采收率。Sharma 等[26]利用烧结玻璃模型研究了可动水饱和度不同时模型的采收率差异。结果发现，可动水饱和度不同的模型中，最终流体产量几乎不变，但高可动水饱和度模型的采油量远远低于低可动水模型。Delalat 等[20]通过对伊朗西部某油田的数值模拟分析发现，储层中活跃水层的存在几乎可以使注气重力驱失去作用，而弱水层则对注气重力驱几乎没有影响。

## 6. 注气速度

油气界面的稳定对 GAGD 开发效果的影响巨大，在各类影响因素中，注气速度被公认为是影响界面稳定性的主控因素。注气速度过大，容易造成指进和舌进现象，导致气体突破时间大大提前，波及效果差，采收率低；相反，如果注气速度过低，虽然可以保证油气界面在驱替过程中稳定运移，但是驱替时间大大增加，生产成本高，经济性较差。Mahmoud 等[22]开展了不同注入速率的注气辅助重力驱实验，在保证稳定油气前缘的基础上发现注入速率越高，可视化模型内的 GAGD 最终采收率越高。Meszaros[27]采用相似准则设计不同维数物理模型研究注气辅助重力驱。结果表明，低压时用注气稳定重力驱技术采收率可达 70% 以上，远高于非稳定重力驱。但在实验过程中发现，即使是小型三维物理模型在高压下也很难保证稳定的气驱前缘。为了获得最佳的开发效果，理想的情况是找到获得稳定驱替前沿的最大注气速度，有学者将其称为临界速度。国外众多学者对临界速度进行了研究，并得到了不同的临界速度公式。其中 Dumore 标准被广泛应用（表 3-1）。

表 3-1 临界注气速度相关公式

| 学者 | 公式 | 备注 |
| --- | --- | --- |
| Hill[28] | $v_{\mathrm{c}} = \dfrac{2.741\Delta\rho K \sin\theta}{\phi\Delta\mu}$ | 均质，活塞驱替，岩石和流体不可压缩。$\beta > 0$ 界面稳定 |
| Dumore[25] | $v_{\mathrm{st}} = \dfrac{2.741 K \sin\theta}{\phi}\left(\dfrac{\partial\rho}{\partial\mu}\right)$ | |
| Rutherford[29] | $0.0439\dfrac{K(\rho_{\mathrm{o}} - \rho_{\mathrm{s}})}{\mu_{\mathrm{o}} - \mu_{\mathrm{s}}}\sin\theta$ | 混相垂直岩心驱替 |
| Slobod 等[30] | $v_{\mathrm{c}} = \dfrac{K_{\mathrm{o}}}{\Delta\mu}(\Delta\rho g)$ | 均质填砂模型 |

注：$\Delta\rho$ 为油气密度差，$kg/m^3$；$K$ 为渗透率，$mD$；$\phi$ 为孔隙度；$\theta$ 为储层倾角，（°）；$\Delta\mu$ 为黏度差，$mPa\cdot s$；$\beta$ 为油气界面与水平方向夹角，（°）；$\rho_{\mathrm{o}}$ 为油密度，$kg/m^3$；$\rho_{\mathrm{g}}$ 为气密度，$kg/m^3$；$g$ 为重力常数，$m/s^2$；$\rho_{\mathrm{s}}$ 为油相密度；$K_{\mathrm{o}}$ 为油相渗透率；$\mu_{\mathrm{o}}$ 和 $\mu_{\mathrm{s}}$ 均为油黏度；$v_{\mathrm{st}}$ 为临界注气速度。

### 三、注空气重力驱界面稳定性研究

油气藏开发过程中流体界面的稳定运移可以获得较高的波及体积，相比不稳定的前缘驱替采收率高很多。流体界面的稳定性与油藏自身地质流体状况有关外，还与重力作用程度、注气速度等参数有关。

#### 1. 注气速度对油气界面稳定性的影响

在气体侵入过程中，油气前缘的形状受重力、毛细管力和黏性力的相互作用控制。通过研究孔隙水平的流体形态和控制因素，可以深入了解决定油气相对运动及其对采收率动态影响的某些因素。在实际研究过程中，由于很难直接量化三力之间的相互作用，目前主要是利用无量纲数来表征任意两种力的相对关系，改变第三种力来研究重力、毛细管力和黏性力的三力作用关系对 GAGD 的影响。

图 3-7 是在邦德数保持 $4.52 \times 10^{-4}$ 不变的情况下，只改变注气速度时，毛细管数与采收率的关系曲线[8]。不难看出在重力数不变的前提下，毛细管数越大，采收率越小。重力与毛细管力的相对关系一致时，黏滞力的大小是油气前缘变化的主要动力学因素。当驱替过程处于三力稳定区也即是毛管数小于 $1.68 \times 10^{-3}$ 时，不同毛细管数之间采收率变化幅度非常小。此区域毛细管数较小，黏性力较低。黏性力作为平衡重力与毛细管力的关键，保证了气体能够进入大部分微小孔隙的同时，不发生指进现象。此时油气前缘为稳定状态，如图 3-8（a）所示，当毛细管数为 $3.36 \times 10^{-4}$ 时，驱替近乎为活塞驱，且油气波及区域无绕流油簇存在，微观驱油效率与宏观波及体积均较高。值得说明的一点是，三力平衡并不代表前缘每个位置受力平衡，这是一种与驱替过程相关的动态变化过程。在实验中我们发现即使是稳定驱，前缘也会存在明显的局部突进，突进至一定程度时，突

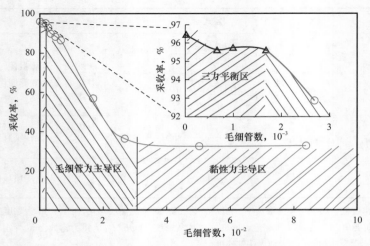

图 3-7　重力恒定情况下毛细管数与采收率的关系曲线

进前后端高度差带来的静液压力使得后端未突进部分足以克服毛细管力开始运移，随着时间的推移，未突进部分会运移至突进前端位置，再次形成稳定前缘。

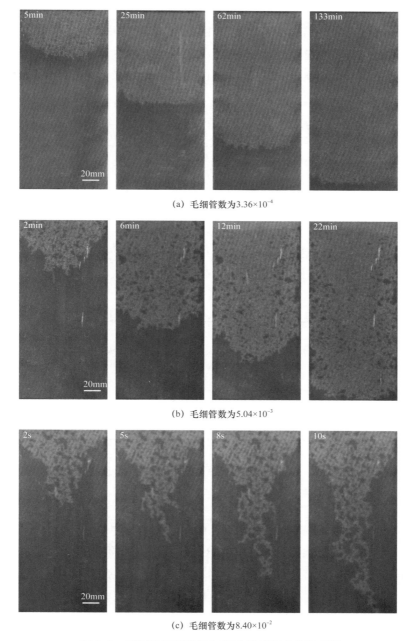

(a) 毛细管数为3.36×10⁻⁴

(b) 毛细管数为5.04×10⁻³

(c) 毛细管数为8.40×10⁻²

图 3-8 不同毛细管数油气前缘随时间变化示意图

当驱替过程处于毛细管力主导区也即是毛细管数介于 $1.68 \times 10^{-3}$ 与 $2.69 \times 10^{-2}$ 之间时，采收率随毛细管数增加开始出现大幅下降。这一阶段毛细管数的增加是由黏性力控制的。黏性力的增加破坏了三力之间的平衡状态，油气前缘失稳，表现出明显的局部指进、圈闭与绕流现象，如图3-8（b）所示。该阶段毛细管力起主导作用，在孔隙尺度上起控制作用。与稳定驱的差异在于由于黏滞力的增加，未突进部分难以"追"上突进部分。局部突进后未突进部分毛细管力的大小控制了后续油气流动状态，毛细管力越大越容易形成圈闭与绕流现象。当毛细管数大于 $2.69 \times 10^{-2}$ 时，采收率几乎不随毛细管数的变化而变化，此时油气前缘状态再次发生变化，如图3-8（c）所示。此阶段油气前缘完全由黏性力主导，油气前缘开始出现明显的黏性指进现象，采收率几乎不随毛细管数改变而改变[8]。

图3-9中区域①注气速度约低于0.05mL/min，速度越低，驱油效率越高（大于90%），但变化幅度较小，表明重力宏观扩大波及在驱替过程中占主导作用；区域②注气速度为0.05～0.1mL/min，速度增加，驱油效率明显降低，且变化幅度较大，表明重力在驱替过程中逐渐失效；区域③④随着注气速度增加，驱油效率再次明显上升，并出现峰值，表明黏滞力逐渐控制驱替过程，克服毛细管力，增大微观驱油效率驱动力效果逐渐增加，驱油效率接近85%；区域⑤注气速度大于5mL/min，驱油效率明显变差，表明驱动力的有利效果开始失效，这与气体沿大孔道窜流并迅速突破有关。可以看出，低速注气利于注气重力稳定驱获得较高驱油效率，高速注气易形成注入气较早突破，影响驱油效率。

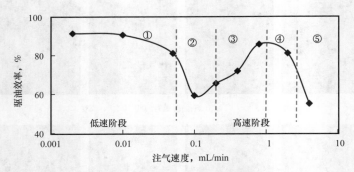

图3-9　驱替速度与驱油效率关系实验结果图（均质模型）

### 2. 重力作用对油气界面稳定性的影响

注气重力稳定驱从油藏顶部垂向注气，合理利用油气密度差引起的重力分异，气相体积扩大后向油藏下部均匀驱替原油，在重力作用下，油气前缘能够保持动态稳定，驱替包络面均匀下降，扩大了宏观波及体积和气驱微观驱油效率，大幅度降低残余油饱和度。

图3-10所示黏滞力恒定情况下重力数与采收率的关系曲线是在毛细管数不变的情况下，只改变重力时，重力数与采收率的关系曲线。毛细管数相同条件下，重力数越大，采收率越高；在黏滞力与毛细管力相对关系一致时，重力发挥作用的大小决定着驱替过程的最终采收情况，即重力越大，越有利于油气前缘稳定，从而获得较高的采收率。由图3-11不同倾角情况下油气前缘示意图所示，随着倾角的增大，油气前缘逐渐开始由不

稳定转为稳定，表明重力的存在极大地提高了气驱的波及范围。值得注意的是，毛细管力越小，增加重力带来的采收率增幅也越小。换句话说也就是毛细管力越小，重力越容易发挥作用。所以对于倾角较小的油藏，为了发挥重力的作用，在设计开发方案时，遵循的原则是尽量降低毛细管数。考虑到毛细管力的不可控性，故应降低注气速度来获得较好的开发效果[8]。

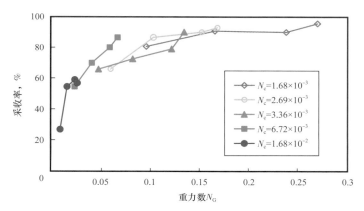

图 3-10　黏滞力恒定情况下重力数与采收率的关系曲线

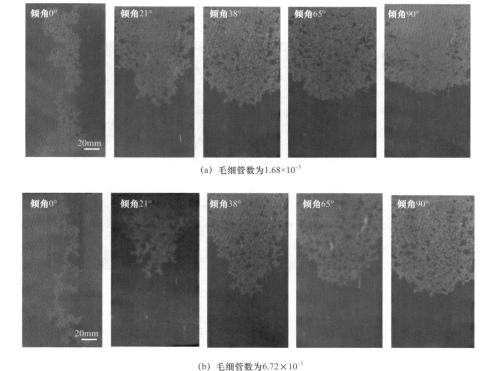

（a）毛细管数为 $1.68×10^{-3}$

（b）毛细管数为 $6.72×10^{-3}$

图 3-11　不同倾角情况下油气前缘示意图

### 3. 非均质性对油气界面稳定性的影响

油藏非均质性对注气重力驱的界面稳定性影响巨大。保持重力、黏滞力、毛细管力三力平衡，控制油气界面稳定下移是注气重力稳定驱实现驱替效果的关键。在非均质油藏储层中，不同孔喉半径内气液界面以一定高度差、同速 / 近同速运移（图 3-12）。根据油气渗流力学，推导出气液界面高度差与油藏特征参数、油气界面运移速度之间的关系式 [式（3-4）]，为油藏方案设计提供依据。

$$H(r_2) = \frac{2\sigma_{og}\left(\dfrac{\cos\theta_2}{r_2} - \dfrac{\cos\theta_1}{r_1}\right)}{8v\left(\dfrac{\mu_g}{r_1^2} - \dfrac{\mu_o}{r_2^2}\right) + (\rho_o - \rho_g)g} \qquad (3\text{-}4)$$

式中　$H$——高度差，m；

　　　$\sigma_{og}$——油气界面张力，mN/m；

　　　$r_1$——储层动用下限孔喉半径，m；

　　　$r_2$——储层最大孔喉半径，m；

　　　$\theta_1$，$\theta_2$——储层 $r_1$ 和 $r_2$ 半径对应润湿角，（°）；

　　　$\rho_o$，$\rho_g$——油、气密度，g/cm³；

　　　$\mu_o$，$\mu_g$——油、气黏度，mPa·s。

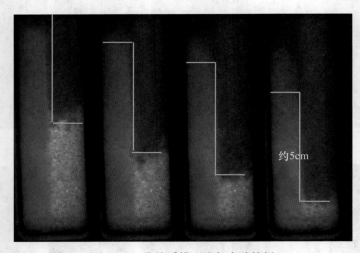

图 3-12　非均质模型注气实验特征

## 四、空气重力稳定驱油藏工程应用设计模式

### 1. 适用油藏对象及潜力

注气重力稳定驱方式兼顾重力扩大宏观波及体积和气驱提高微观驱油效率，技术潜

力前景广阔，但该技术实施要求储层垂向连通且具有一定渗透性，并要求具有一定厚度。我国垂向连通、具有形成一定油柱厚度基础的厚油层、高倾角、潜山油藏是技术适应的应用对象。初步评价我国适用该技术应用的油藏对象地质储量在 $20 \times 10^8$t 以上（表 3-2），大部分为高采出程度、高含水老油田，依靠水驱稳产难度大，亟需转换开发方式进一步提高采收率，延长油田寿命。

表 3-2 空气重力稳定驱油适合油藏区块统计表

| 油田 | 典型区块 | 油藏类型或特征 | 渗透率 mD | 地层原油黏度 mPa·s |
|---|---|---|---|---|
| 辽河 | 静安堡、大民屯等 | 构造岩性 | 200～2900 | 0.5～4 |
| | 兴古 7、马古、陈古、兴古边部等 | 裂缝性块状底水变质岩潜山 | 29.5～360 | 6～13.7 |
| 华北 | 任丘、雁翎、留北、莫州等 | 古潜山 | 200～1400 | 1.9～11 |
| 大港 | 唐家河、王官屯、马东、马西、六间房、联盟等 | 断块 | 300～500 | 0.8～7.2 |
| 新疆 | 克拉玛依七区、八区等 | 构造岩性 | 230～370 | 3.2～5.6 |
| 塔里木 | 东河、塔中、哈德等 | 巨层块状底水碎屑岩油藏 | 50～520 | 7～35 |
| 吐哈 | 葡北、温米、鄯善、丘陵等 | 断背斜构造砂岩层状油藏 | 60～110 | 1.5～3.5 |
| 青海 | 尕斯库勒、花土沟、切 12 | 背斜构造 | 260～400 | 5～7.4 |
| 二连 | 哈达图 | 岩性构造 | 380 | 9.5 |
| 胜利 | 胜坨、东辛 | 构造断块 | 260～2000 | 3.4～14 |
| 中原 | 文中 | 断块 | 251 | 1.2 |
| 渤海 | 歧口 17-3 | 构造岩性 | 7476 | 7 |
| 南海东部 | 番禺、惠州 | 背斜构造 | 1000～8000 | 1.1～11 |

## 2. 空气重力稳定驱油立体长效开发设计模式

注气重力驱替具有"顶部注气、气液界面稳定运移、剩余油下部富集"机理特征，针对不同典型油藏类型，提出注气重力稳定驱立体长效开发设计模式。立体开发模式集直井与水平井井网一体化、气驱和边底水能量协调利用、顶部注气与底水托浮注采工艺协同等综合优势作用，兼顾扩大波及体积和驱油效率，实现剩余油有效驱动、富集和高效采出。针对不同典型油藏类型，具体可分为 4 类模式：

厚层块状油藏顶部注气重力稳定驱设计模式一。该模式针对巨厚块状油藏纵向连通性好、直井水驱注采对应性差、动用程度低的特点，采取直井水平井组合，气驱与水驱结合，顶部注气下压、底部注水上托、中部采出，油藏整体立体开发的注气重力稳定开发方式。

厚层块状油藏顶部注气重力稳定驱设计模式二。该模式针对巨厚块状油藏纵向层间矛盾突出特点，采取顶部注气、存气提效，逐层采出、油藏整体立体开发的注气重力稳定开发方式。

高倾角油藏顶部注气重力稳定驱设计模式三。该模式针对高倾角油藏边底水活跃，底水局部上侵严重特点，采取顶部注气，逐井排采油；控制注采压差，逐级避水，油藏整体立体开发的注气重力稳定开发方式。

潜山油藏顶部注气重力稳定驱设计模式四。该模式针对潜山油藏纵向裂缝发育，裂缝与基质渗透率极差大特点，采取顶部注气，缓注缓采，直井下返，底部水平井采出，油藏整体立体开发的注气重力稳定开发方式（图3-13）。

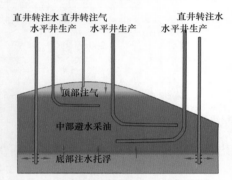

(a) 厚层块状油藏注气重力稳定驱设计模式一

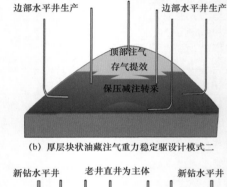

(b) 厚层块状油藏注气重力稳定驱设计模式二

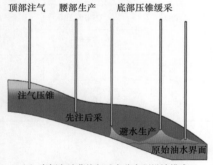

(c) 高倾角油藏注气重力稳定驱设计模式三

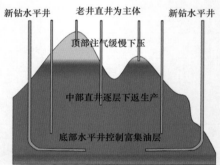

(d) 潜山油藏注气重力稳定驱设计模式四

图3-13　注气重力稳定驱立体长效开发设计模式示意图

立体长效开发设计模式为注气重力稳定驱工程设计和应用提供了依据，为技术规模应用奠定了基础。

参 考 文 献

[1] 李士伦，周守信，杜建芬，等.国内外注气提高石油采收率技术回顾与展望 [J].油气地质与采收率，2002（02）：1-5.

［2］ 郭平，杜玉洪，杜建芬.高含水油藏及含水构造改建储气库渗流机理研究［M］.北京：石油工业
出版社，2012.

［3］ Butler R M. A New Approach to the Modelling of Steam-assisted Gravity Drainage［J］. Journal of
Canadian Petroleum Technology，1985，24（03）：42-51.

［4］ Hagoort J. Oil recovery by gravity drainage［J］. Society of Petroleum Engineers Journal，1980，20（03）：
139-150.

［5］ Kantzas A，Chatzis I，Dullien F A L. In Enhanced Oil Recovery by Inert Gas Injection［R］. SPE/DOE
Enhanced Oil Recovery Symposium，1988.

［6］ Norollah K，Bashiri A. Gas-assisted Gravity Drainage（GAGD）Process for Improved Light Oil
Recovery［C］. International Petroleum Technology Conference，2009.

［7］ Paidin W R. Physical Model Study of the Effects of Wettability and Fractures on Gas-assisted Gravity
Drainage（GAGD）Performance［D］. Baton Rouge：Louisiana State University，2007.

［8］ 陈小龙，李宜强，廖广志，等.减氧空气重力稳定驱驱替机理及与采收率的关系［J］.石油勘探与
开发，2020，47（04）：1-9.

［9］ Kantzas A，Chatzis I，Dullien F A L. Mechanisms of Capillary Displacement of Residual Oil by Gravity-
Assisted Inert Gas Injection［C］. Proceedings of SPE Rocky Mountain Regional Meeting，1988.

［10］ Dumore J M，Schols. Drainage Capillary-pressure Functions and Their Computation from one
Another［C］// SPE 4096，1972.

［11］ Kulkarni M M. Multiphase Mechanisms and Fluid Dynamics in Gas Injection Enhanced Oil Recovery
Processes［D］. Louisiana：Louisiana State University，2005.

［12］ Kulkarni M M，Rao D N. Characterization of Operative Mechanisms in Gravity Drainage Field Projects
through Dimensional Analysis［C］. 2006 SPE Annual Technical Conference and Exhibition，2006：24-27.

［13］ Moshir Farahi M M，Reza Rasaei M，Rostami B，et al. Scaling Analysis and Modeling of Immiscible
Forced Gravity Drainage Process［J］. Journal of Energy Resources Technology，2014，136（02）：
022901.1—022901.8.

［14］ Rao D N. Development of Technologies and Capabilities for Development of Coal，Oil and Gas energy
resources［C］. United States Department of Energy Research Proposal，2001.

［15］ Wylie P，Mohanty K K. Effect of Wettability on Oil Recovery by Near-miscible Gas Injection［J］.
SPE Reservoir Evaluation & Engineering，1996，2（06）：558-564.

［16］ Oren P E，Pinczewski W V. Effect of Wettability and Spreading on Recovery of Waterflood Residual
oil by Immiscible Gas Flooding［J］. SPE Formation Evaluation（Society of Petroleum Engineers），
1994：2（02）：149-156.

［17］ Grattoni C A，Jing X D，Dawe R A. Dimensionless Groups for Three-phase Gravity Drainage Flow in
Porous Media［J］. Journal of Petroleum Science & Engineering，2001，29（01）：53-65.

［18］ Khorshidian H，James L A，Butt S D. Demonstrating the Effect of Hydraulic Continuity of the Wetting
Phase on the Performance of Pore Network Micromodels during Gas Assisted Gravity Drainage［J］.
Journal of Petroleum Science and Engineering，2017：S0920410517308999.

[19] Mason G, Morrow N R. Capillary Behavior of a Perfectly Wetting Liquid in Irregular Triangular Tubes [J]. Journal of Colloid & Interface Science, 1991, 141 (01): 262-274.

[20] Delalat M, Kharrat R. Investigating the Effects of Heterogeneity, Injection Rate, and Water Influx on GAGD EOR in Naturally Fractured Reservoirs [J]. Iranian Journal of Oil&Gas Science and Technology, 2013 (01): 9-21.

[21] Joshi S D. Cost/Benefits of Horizontal Wells [C]. Society of Petroleum Engineers, SPE Western Regional/AAPG Pacific Section Joint Meeting, 2003.

[22] Mahmoud T, Rao D N. Range of Operability of Gas-assisted Gravity Drainage Process [R]. SPE Symposium on Improved Oil Recovery Tulsa, 2008.

[23] Al-Mudhafar, Watheq J. From Coreflooding and Scaled Physical Model Experiments to Field-scale Enhanced Oil Recovery Evaluations: Comprehensive Review of the Gas-assisted Gravity Drainage Process [J]. Energy & Fuels, 2018, 32 (11): 11067—11079.

[24] Rao D N. The Concept, Characterization, Concerns and Consequences of Contact Angles in Solid-Liquid-Liquid Systems [R]. Invited Paper Presented at the Third International Symposium on Contact Angle, Wettability and Adhesion, Providence, Rhode Island, 2002.

[25] Dumore J M, Schols R S. Drainage Capillary-pressure Functions and the Influence of Connate Water [J]. Society of Petroleum Engineers Journal, 1974, 14 (05): 437-444.

[26] Sharma A, Rao D N. Scaled Physical Model Experiments to Characterize the Gas-assisted Gravity Drainage EOR Process [C]. SPE Symposium on Improved Oil Recovery, 2008.

[27] Meszaros G, Chakma A, Jha K N, et al. Scaled Model Studies and Numerical Simulation of Inert Gas Injection with Horizontal Wells [C]. SPE Technical Conference & Exhibition, 1990.

[28] Hill D G. Clay Stabilization-criteria for Best Performance [C]. SPE Formation Damage Control Symposium, 1982.

[29] Rutherford W M. Miscibility Relationships in the Displacement of Oil by Light Hydrocarbons [J]. Tetrahedron Letters, 1962, 7 (21): 2277-2281.

[30] Slobod R L, et al. The Effects of Gravity Segregation in Laboratory Studies of Miscible Displacement in Vertical Unconsolidated Porous Media [J]. Society of Petroleum Engineers Journal, 1964, 4 (01): 1-8.

# 第四章　空气火驱理论

火驱又叫"就地燃烧"，它主要是利用地层原油本身的部分燃烧裂化产物作为燃料，利用外加的氧气源和人为的加热点火手段把油层点燃，并维持不断地燃烧，实现复杂的多种驱动作用。其驱油原理为：（1）用空气作为氧源，向注入井注入热空气把油层点燃时，主要燃烧参数是焦炭的燃点；（2）控制注入气温略高于焦炭的燃点，并按一定的通风强度不断注入空气，会形成一个慢慢向前移动的燃烧前缘及一个有一定大小的燃烧区，当确信油层已被点燃后，可停止对注入井的加热，燃烧区的温度会随时间不断增高，有最高温度的燃烧区可视为移动的热源；（3）在燃烧区前缘的前方，原油在高温热作用下，不断发生各种高分子有机化合物的复杂化学反应，如蒸馏、热裂解、低温氧化和高温氧化反应，其产物也是复杂的，除液相产物外，还有燃烧生成的烟气（一氧化碳、二氧化碳、天然气等）；（4）热水、热气都能把热量携带或者传递给前方的油层，从而形成热降黏、热膨胀、蒸馏汽化、气驱、高温改变相对渗透率等一系列复杂的驱油作用。一般认为，在燃烧前缘附近是裂解的最后产物——焦炭形成的结焦带，再向外依次是蒸汽和热水（反应生成水，原生水以及湿烧的注入水等）形成的热水蒸气带，被蒸馏的轻质烃类油带，以及最前方的已降黏的原始富油带。正是因为火烧油层法有众多的驱油机理联合作用，可以比现在的任何一种采油方法获得更高的采收率[1, 2]。

## 第一节　直井火驱理论

直井井网火驱可分为干式正向火驱（又称干式向前火驱）、湿式正向火驱以及反向火驱三种方法。在前二者中，注入空气（或其他的含氧气体）的流动方向与燃烧前缘（又称火线）的移动方向相同，故称为正向（向前）燃烧；第三种方法的空气流动方向与燃烧前缘的移动方向恰好相反，故称之为反向火驱。

### 一、干式正向火驱

干式正向火驱是一种最早采用、最简单、也是目前最常使用的油层燃烧方法。只是简单地注入空气，称之为干式，以区别于注空气又注水的湿式燃烧。干式正向火驱过程是从空气注入到注入井开始的。当注入空气加热到一定温度就能在油层开始燃烧，燃烧温度取决于着火原油的氧化特性。点燃油层可采用自燃法和人工加热点燃法两种。高温的燃烧前缘随着注入空气缓慢地向注入井径向移动。维持油层燃烧除了氧化剂（注入空气或其他不同含氧量气体）外，还必须有燃料。燃烧前缘前面油层中的原油被蒸馏和热裂解以后，其中的轻组分烃逸出，而沉积在砂粒表面上的焦炭状物质构成燃烧过程的主要燃料，因此向前燃烧法中实际燃烧的燃料不是油层中的原生原油，而是热裂解和蒸馏后的富炭残余原油，只有这些燃料基本燃尽后，燃烧前缘才开始移动，燃烧过程才能维持下去。因此，油层中这种燃料的含量多少以及与之匹配的空气需要量成为燃烧成功与否的关键参量。

随着燃烧前缘离开注入井向生产井方向推进，清楚地形成几个不同的区带。图 4-1 所示为三维火驱实验中途注氮气灭火后保留下来的火驱中间状态下的区带特征。图 4-1（b）为油层的上部［图 4-1（a）为局部放大］，其中红色箭头指示的位置为注气／点火井，黄色箭头指示的位置为 3 口生产井。在点火井一侧，白色的区域为燃烧过的区域，原油全部被驱走或烧掉，只留下白色的石英砂。在白色区域边缘为结焦带，结焦带之前有一条平行于它的深色条带，该条带上含油饱和度明显高于其他区域，这就是高饱和度油墙。在油墙前面是剩余油区，该区域受蒸汽的驱扫作用，其含油饱和度明显低于原始含油饱和度。将已燃区的石英砂取走，再将没有燃烧的剩余油区、油墙部分的油砂取走，而结焦带则作为一条坚硬的条带，留在了模型中。结焦带的厚度为 15～20mm，具有一定的倾角，显示了火驱过程中的超覆趋势。

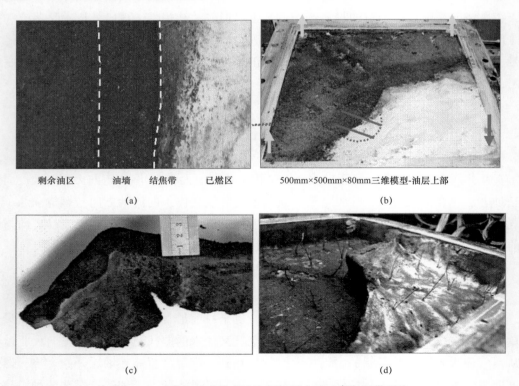

剩余油区　　　油墙　结焦带　　已燃区　　　　　500mm×500mm×80mm三维模型-油层上部

(a)　　　　　　　　　　　　　　　　　　　　　(b)

(c)　　　　　　　　　　　　　　　　　　　　　(d)

图 4-1　三维火驱实验中途注氮气灭火后油层各区带照片

## 二、湿式正向火驱

湿式正向火驱就是在正向干式燃烧的基础上，在注气过程中添加一定量的水，以扩大驱油效率和降低空气油比。湿烧可分为常规湿烧和超湿烧，当注入水均以蒸汽状态通过燃烧带时称为常规湿烧，对于给定的原油，常规湿烧的峰值温度通常略高于干烧，两种燃烧模式生成气的组成相似。当注入水速度高到有液态水通过燃烧带时称为超湿烧。

湿式燃烧比干式燃烧的驱油效果好，主要原因是：（1）蒸汽带驱油是火驱过程中的一个重要机理；（2）随着湿式燃烧水气比的增加，发生氧化反应的区域范围扩大，蒸汽带的温度下降，对流前缘速度增加，加速了热对流的传导，驱油效率增大；（3）在湿式燃烧过程中，随着氧气利用率的降低，燃烧 $1m^3$ 油砂所需空气量降低，燃烧前缘速度减慢，驱油效率几乎不变。

## 三、反向火驱

反向火驱燃烧前缘移动方向与空气的流动方向相反。燃烧从生产井开始，燃烧前缘由生产井向注入井方向移动，被驱替的原油必须经过正在燃烧的燃烧带和灼热的已燃区。反向燃烧是利用分馏和蒸汽传递热量的作用来开采完全不能流动的原油，用于正向燃烧不能有效地开发油藏，如特稠油、超稠油油藏的开采。由于反向燃烧空气消耗量大，约为正向燃烧的 2 倍，且往往会变成正向燃烧，因此，实际生产中一般不采用该方法。

# 第二节　重力火驱理论

## 一、基本原理

近几年，国外学者提出了从水平井的脚趾到脚跟的注空气火烧油层技术（Toe to Heel Air Injection，THAI 技术），可以利用水平井实现火驱辅助重力泄油。这种开采方式的原理类似于水平井条件下的蒸汽辅助重力泄油（Steam Assisted Gravity Drainage，SAGD）技术，特别适于那些在常规直井井网条件下难以实现注、采井间有效驱替的特稠油、超稠油油藏。THAI 技术的提出，突破了火驱技术应用的地层原油黏度上限，大大拓展了火驱技术应用的油藏范围，使火驱开发特稠油、超稠油油藏成为可能。这种方式将一组水平生产井平行地布在稠油油藏的底部，垂直注入井布在距离水平井端部一段距离的位置，垂直井的打开段选择在油层的上部（图 4-2）。应用 THAI 技术时，将在燃烧前缘前面形成一个较窄的移动带，在移动带内可动油和燃烧气将流入水平生产井射孔段[4-6]。

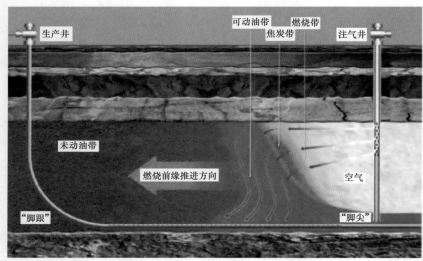

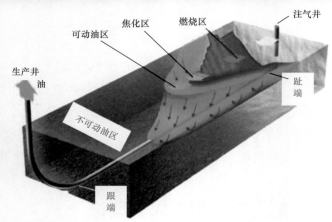

图 4-2　垂向火驱技术原理示意图

由于氧气的扩散作用，会在稳定的地层条件下建立起扩散梯度，因此，注入的空气会优先移动到燃烧前缘。这是因为燃烧前缘前面沉积燃料（焦炭）燃烧所需的氧通量与下游燃烧气和流动液相平衡，满足这一条件的原因是：（1）燃烧前缘前面的所有燃烧气和流动液向下流到了生产井水平段，THAI 是重力辅助方法，受油藏泄油段与流入的水平生产井间的压力梯度的控制。（2）这种既可采油又可使油升温改质的方法最重要的意义是燃烧前缘前面形成了"窄"的移动油带，存在这种可能性的第二个条件是油藏冷油区的油黏度要高。理想状态下，冷稠油黏度很高，基本上不流动，沿水平井形成了一道天然挡板，阻挡气体进入。另外，冷稠油形成了黏性阻挡层，阻挡气体流入下游的区域。这正好与传统的油藏开采技术相反。

THAI 技术的重要特征是：燃烧前缘沿着水平井从端部向跟部扩散，并在燃烧前缘前面迅速形成一个可流动油带。该流动油带内的高温不仅可以为油层提供非常有效的热驱替源，也为滞留重油的热裂解创造了最佳条件。加热油借助重力作用迅速下降，到达生产井的水平段，不用从冷油区内流过而实现了短距离驱替，避免了多数常规火烧油层（ISC）工艺中使用垂直注入井与生产井进行长距离驱替的缺点。

## 二、燃烧前缘扩展过程与关键节点控制

图 4-3 所示为采用尺寸 600mm×400mm×150mm 模型进行三维垂向火驱实验过程中，油层上部、中部、下部不同时间的温度场图。结合以上实验中温度场的展布特征和拆开模型后的岩心照片分析，可以将燃烧前缘的扩展分成 3 个阶段，即点火启动阶段、径向扩展阶段和向前推进阶段。图 4-4 为各阶段已燃区、燃烧前缘、结焦带和泄油带的剖面和平面示意图。

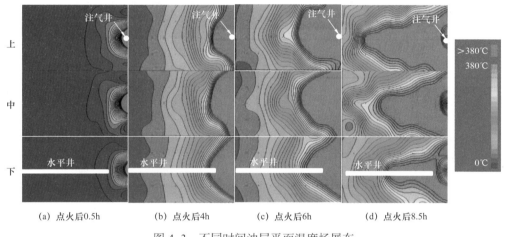

(a) 点火后0.5h　　(b) 点火后4h　　(c) 点火后6h　　(d) 点火后8.5h

图 4-3　不同时间油层平面温度场展布

### 1. 点火启动阶段

高的点火温度（500℃以上）是实现点火启动的必要条件，同时点火位置应选择在油层的中上部。对点火启动阶段的控制十分重要，在该阶段，燃烧区域相对较小，且有相当一部分热量随产出流体从水平井排出，相对于常规火驱来说热量聚集速度要慢。在进行的一系列三维实验中，就出现过对点火温度和注气量控制不当导致点火不充分甚至在点火启动阶段熄火的现象，点火不充分将导致燃烧前缘温度相对较低，这对燃烧前缘的扩展和泄油稳定会造成不利影响，而熄火后再次点燃油层的难度很大。

### 2. 径向扩展阶段

点火启动成功后，燃烧区域继续向四周和下部扩展，高温燃烧前缘保证了高的氧化速率，使注入的氧气被完全消耗，燃烧后的高温气体直接流向水平井的趾端。在结焦带推进到水平生产井趾端之前，燃烧区域四周压力梯度大致相同，燃烧前缘在平面上以径

向的方式扩展，扩展面为椭圆形状，长轴沿水平井方向，由于气体的超覆作用，燃烧区域的半径在平面上从油层上部到下部逐渐减小，此阶段为燃烧前缘径向扩展阶段。在这一阶段，使燃烧前缘稳定推进的关键在于使注气速率与燃烧区域耗氧量保持一致，注气量过低将影响燃烧前缘的扩展能力，注气量过高则有可能导致氧气从水平井趾端突破。

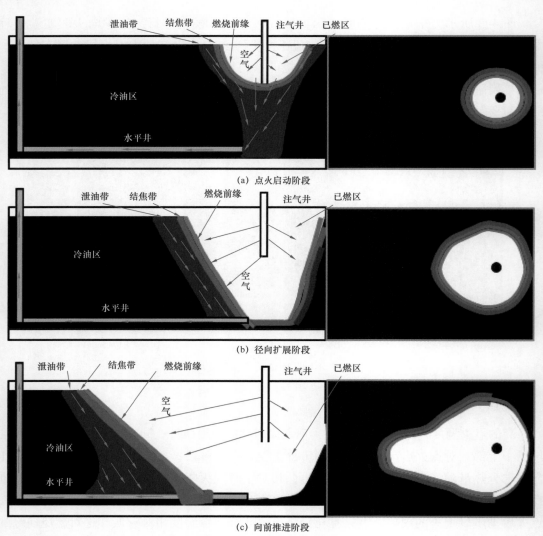

(a) 点火启动阶段

(b) 径向扩展阶段

(c) 向前推进阶段

图4-4　燃烧前缘不同阶段展布示意图

## 3. 向前推进阶段

随着燃烧前缘的继续推进，原油开始在水平井趾端结焦，结焦带阻止了氧气直接进入水平井筒，并使燃烧后的气体穿过结焦带流向水平井封堵段之前的射孔段随原油一起产出。很明显，此时沿水平井垂向剖面方向的压力梯度与沿水平井两侧方向的压力梯度相比要大，燃烧前缘沿水平井方向的推进速度加快，而沿水平井两侧方向的扩展能力减小，这些因素将导致燃烧前缘呈"楔形"向前推进。从室内实验看，这种"楔形"推进是"一（直井）注、一（水平井）采"的井网模式下的必然结果。要改变这种状态，使燃烧前缘尽可能向水平井两侧扩展，需要完善井网模式，如在水平井两侧增加排气/生产井等。

## 第三节　火驱区带划分理论

稠油油藏火驱技术能够大幅度提高稠油采收率，主要是由于火驱技术具有较好的油藏波及特性和较高的驱油效率所致。在火驱技术实施过程中，在燃烧前缘的"推土机"作用下，会形成高含油饱和度的"油墙"，对地下高渗通道和低含油饱和度通道进行封堵。

火驱技术具有极高的驱油效率。室内实验表明，高温燃烧带驱扫下，已燃区范围内基本没有剩余油。除了燃烧掉的部分原油外，其余部分均被驱替。通过数十组稠油火驱燃烧管实验表明，燃料消耗范围为 17～24kg/m³，火驱驱油效率为 86%～92%。其中原油样品涵盖普通稠油、特稠油和超稠油。与其他注入介质（热水、蒸汽、化学剂等）相比，注空气火驱的驱油效率较高。新疆油田红浅 1 火驱试验区在火驱试验前和点火 5 年后分别钻取心井测试岩心剩余油饱和度，其中火驱前的取心井为原蒸汽吞吐老井的中间加密新井，火驱后的取心井距离点火井 70m 外，处于已燃区内，取心照片如图 4-5 所示。

火驱前油层上部剩余油饱和度高、下部剩余油饱和度低，表明蒸汽吞吐过程中注汽质量较差，蒸汽前缘没有波及到井间，井间剩余油分布显示的是受重力影响的水驱特征。火驱后剩余油分布则完全不同。从油层最上部到最底部，燃烧带前缘纵向波及系数为 100%，其中 BC 段为 5.6m 的砂砾岩和钙质砂岩段，含油饱和度为 1.6%～3.8%；CD 段为 0.7m 的细砂岩段，物性较差，一般认为是物性夹层，含油饱和度为 5.8%；DE 段为 2.2m 的砂砾岩段，含油饱和度为 1.5%。整个油层段共 8.5 m，火驱后剩余油饱和度加权平均为 2.6%（AB 段为油层上部的泥岩盖层段，剩余油饱和度仅为 12.3%，EF 为油层下部泥岩盖层段，剩余油饱和度未测试）。火驱前整个油层段 8.5m 范围内其岩性及剩余油饱和度等均存在明显差异，但火驱后纵向上却实现了 100% 的波及，整个岩心段剩余油饱和度可以忽略不计。火驱的这种自动克服高渗层段突进、全面提高纵向动用程度的能力是其他驱替方式所不具备的。因此将这种驱替特性概括为高温氧化模式下的纵向无差别燃烧机理：火驱前地层纵向上在岩性、岩石与流体物性、含油饱和度及含水饱和度等方面均存在差别，有时甚至存在较大的差别，而一旦某一层段实现了高温燃烧且注气量充足，其释放出的热量就足以使含油饱和度相对较低的层段、渗透率和孔隙度相对较低的层段随即发生高温燃烧，从而使燃烧过程和燃烧后的结果在纵向上没有明显差别。由于火驱具有天然的重力超覆特性，要实现无差别燃烧，一般要求整个油层段厚度不超过15m且各处满足基本的可燃条件（剩余油饱和度大于25%）。

注：A点为取心段顶，F点为取心段底。

图4-5　新疆油田红浅1火驱试验区取心照片

　　一维和三维火驱物理模拟实验装置的流程基本相同，均由注入系统、模型本体、测控系统及产出系统4部分构成（图4-6）。注入系统包括空气压缩机、注入泵、中间容器、气瓶及管阀件；测控系统对温度、压力、流量信号进行采集及处理；产出系统主要完成对模型产出流体的分离及计量。

　　对于一维火驱物理模拟实验装置，其模型本体为一维岩心管，直径为50mm，长为400mm。在岩心管的沿程均匀分布13支热电偶和5个压差传感器，用于监测火驱前缘和岩心管不同区域的压力降。对于三维火驱物理模拟实验装置，其模型本体为三维填砂模型。模型内部三维尺寸为500mm×500mm×100mm，模型取正方形反九点井网的1/4，共设计4口直井，其中1口为注气/点火井，2口边井、1口角井。注采井距为500mm×707mm。模型中均匀排布上、中、下三层热电偶，经插值反演可以得到油层中任意温度剖面。通过温度剖面可以判断燃烧带前缘在平面和纵向上的展布规律。一维和三维火驱物理模拟实验装置的最高工作温度均为900℃，最大工作压力均为5MPa。

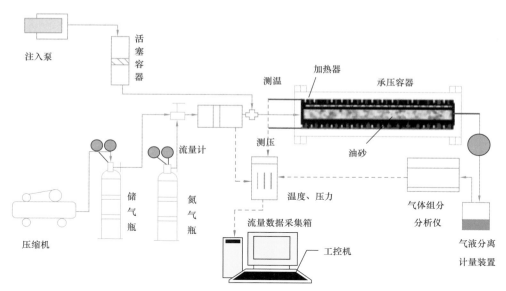

图 4-6　一维和三维火驱物理模拟实验系统流程

火驱实验准备工作包括：首先根据新疆某稠油油藏地质特征，利用火驱相似准则设计室内模型孔隙度、渗透率、饱和度等参数；在此基础上进行岩心及流体准备、岩心及流体物性测试；此外还要进行传感器标定、模拟井加工、点火器检测等准备工作。模型装填包括模拟井/点火器安装、传感器安装、模型系统试压、油层岩心装填、造束缚水、饱和油等。对于在地层条件下缺乏流动性的特稠油和超稠油，一般不能采用直接向模型饱和油的方法，而是采用将油、水、砂按设计比例充分搅拌混合的方法装填模型。该实验由于稠油在地层温度下黏度较低（2000～3000mPa·s），因此采用直接饱和油的方式构造初始含油饱和度场。

火驱实验得以持续的前提条件是要预先建立地层中的烟道，保证燃烧产生的尾气能够及时排出。因此在点火前要通过氮气通风，进行注、采井间连通性测试。在通风测试过程中还要建立模型内部初始温度场，使之与地层实际条件相符。通风测试的同时还要进行测控系统调试、产出系统的连接准备。启动点火器预热，一般情况下首先向模型中注入的是氮气而不是空气。主要目的是防止在油层未被点燃之前先行氧化结焦；然后逐渐提高氮气的注入速度，直到点火井周围一定区域的温度达到某一特定值时，改注空气，实现层内点火。整个火驱实验过程一般包括低速点火、逐级提速火驱、稳定火驱、停止注气、火驱结束等阶段。在实验过程中，通过计算机实时监测模型系统各关键节点的温度、压力、流量信号，实时监测燃烧带前缘在三维空间的展布。

一维火驱实验采用非金属岩心管，可以有效克服因金属管壁导热能力强导致的热量超越式传递。岩心采用地层岩心破碎后压实装填，原油采用地层取样原油。为了便于分析，引入分段压降百分比的概念。一维实验进行了 5 组，这里给出了其中一次实验的结果。火驱前缘到达不同位置时，岩心管轴向上温度分布和分段压降百分比的分布如图 4-7

所示。图4-8中横坐标为以注入端为起点、生产端为终点的岩心位置。其中温度最高的点可以认为是燃烧带所处的位置（真正的燃烧中心可能位于两个测温点之间）。从图4-7可以看出，在岩心管中已经燃烧的部分几乎没有压力降落，这是由于经过燃烧后的岩心含油饱和度为零，气相相对渗透率接近1；燃烧带及其前缘也几乎没有压力降落，同样是由于在燃烧带前缘的高温区内液相饱和度很低、气相渗透率很高；压力集中消耗在燃烧带前缘之前距离燃烧带10～20cm以外的区域内，这一区域消耗的压降占总注采压降的70%～80%。根据岩心管不同区域的上述热力学特征，认为分段压降百分比最高的区域为高含油饱和度油墙所在的区域。在该区域，由于含油饱和度较高、含气饱和度较低，导致气相相对渗透率较低、渗流阻力增大。

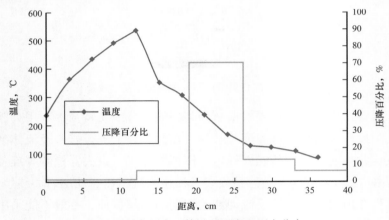

图4-7 火驱岩心管沿程温度和压力分布

　　为了对各区域特征有一个直观的认识，设计了一个一维火驱中途氮气灭火实验。灭火后，将岩心管剖开观察各部分的特征，发现燃烧带前缘为结焦带。结焦带是原油经过高温裂解后生成的重质焦化物以固态形式黏附、固结在岩石颗粒表面形成的，该部分为火驱过程提供燃料。

　　三维火驱实验的模拟油采用地层取样原油，模拟砂采用石英砂。根据相似理论计算，室内三维模型孔隙度为40%，渗透率为100D。原始含油饱和度为75%，含水饱和度为25%。模型本体底面为正方形，边长为500mm，高为100mm（油层的实际高度为80mm，上、下10mm为泥岩充填）。模型本体四周及上、下盖层为绝热保温材料，最大限度防止向外部传热。注入井内部设置高效点火器。在油层的上部、中部、下部各布设49支热电偶，累计147支热电偶用于油层温度监测。

　　室内三维火驱实验共进行了3次。图4-8给出了其中一次实验的温度场，分别对应转注空气点火后45min，75min和265min油层中部的温度场。该温度场是利用平面上的49个热电偶测定的温度值经过二阶拉格朗日差值得到的。热电偶所处位置的温度是准确的，其他各点的反演温度会有一定的误差，但总体可以反映燃烧带平面展布情况。在三维火驱过程中，燃烧带的最高温度可超过 600℃（局部瞬间可以达到 700℃），平均温度为 450～550℃。燃烧从左上角的点火/注气井开始。图 4-9 中红色高温区为燃烧带所处位置；左下角和右上角为两口边井，右下角为角井，这 3 口井均为生产井。火驱过程中，当某口井（一般是边井）产出流体温度超过 300℃或产出气体组分中氧气的含量超过 10%时，将该井关闭，保留其他井生产。当所有井均发生了热前缘突破后，实验停止。

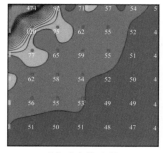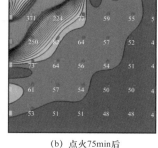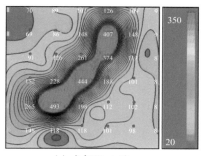

(a) 点火45min后　　　　　　(b) 点火75min后　　　　　　(c) 点火265min后

图 4-8　火驱不同阶段油层平面温度场

从不同阶段的温度场看，燃烧带前后的温度等值线最密，温度梯度最大。远离燃烧带的区域温度梯度较小。在火驱后期燃烧带前缘到生产井之间形成了一个较大范围的高温区，这主要是由于油层中原始含水高温蒸发后产生蒸汽，形成了一定程度的蒸汽驱机理。考虑到过多传感器可能对多孔介质本身造成干扰，在本组三维火驱实验中，没有在平面上部署足够的压力传感器来插值反演压力场。实验过程中注气井和生产井之间的压力差一直维持在 1.1～1.3MPa。在此注采压差下，各个生产井的产量均比较稳定。

笔者曾通过室内一维和三维火驱物理模拟实验，对直井火驱过程中的储层进行了区带划分。从注入端到生产端，可将火驱储层划分为 5 个区带：已燃区、火墙、结焦带、油墙、剩余油区。后经精细化的油藏跟踪数值模拟研究和矿场试验验证，发现在结焦带与油墙之间还存在一个高温凝结水带（图 4-9）。该区带在室内物理模拟实验中很难被检测和区分。如图 4-10 所示，上面的图由左至右为从注入井到生产井间地层各区带分布示意图。中间曲线为一维火驱实验从岩心注入端到产出端的温度剖面和分段压降百分比，横坐标为岩心各处到注入端的距离。下面的图为注、采井间含油饱和度分布。在这几个区带中，已燃区为燃烧带扫过的区域，火墙即燃烧带所形成的高温区域，结焦带是在燃烧带高温作用下原油裂解生成重质焦化物（主要是焦炭）以近固体状黏附在岩石颗粒表面上的区带，其中的焦炭就是后续火驱过程的燃料。油墙处于结焦带和剩余油区之间，由高温蒸馏和裂解作用产生的轻质组分与地层原油混合而成，其含油饱和度一般比初始含油饱和度要高 10%～20%。同时油墙也是注采压差的集中消耗带，一维火驱燃烧管实验表明，该区带的压降占岩心注采端总压降的 70%～80%。在油墙前面的剩余油区是受烟道气和次生蒸汽凝析水驱形成的，其含油饱和度要低于初始含油饱和度。关于各区带含油饱和度实验室测定方法及测定结果详见相关文献。

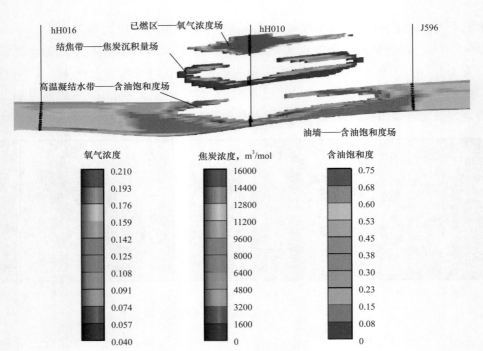

图 4-9  数值模拟火驱储集层区带分布

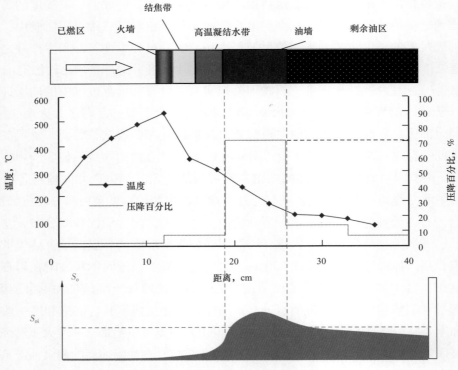

图 4-10  直井火驱储层区带分布特征

# 第四节　火驱高温岩矿反应规律

## 一、岩矿反应的影响因素

对于不同埋藏深度的砂岩、砂砾岩稠油储层，高温火驱条件下影响岩矿反应的因素有以下几点：

（1）岩石本身具有的复杂元素、矿物组成；

（2）储层孔隙中赋存的含有多种离子的水、原油等液态物质；

（3）火驱过程中储层中的氧气、二氧化碳、一氧化碳及烃类气体；

（4）注气压力、注气流量等矿场调控参数；

（5）燃烧温度和燃烧时间。

实验表明，矿场注气压力和注气流量的调节，不能直接影响岩矿反应进程，只要火驱前缘能够推进，岩石中的矿物组成就会发生变化。具体表现为：

（1）石英含量与钾长石、斜长石、黏土总量之和呈负相关关系，燃烧区石英含量明显增大，钾长石、斜长石、黏土总量之和减小；

（2）黏土矿物中高岭石随注气流量和注气压力呈振荡变化，伊利石、伊/蒙混层含量随注气流量增大而略有升高；

（3）中高温条件下的矿物相变。

上述现象也是火驱过程中岩矿变化的宏观规律，致使产生这种规律的关键因素是燃烧温度和燃烧时间，其中温度是关键影响因素。图 4-11 展示出只要温度超过 350℃，岩石中黏土矿物的组成就会发生变化。

岩石本身的物质组成和孔隙中赋存的多种流体使岩矿反应具有多相参与的特征，也是驱动高温火驱岩矿发生反应的内在因素。其实，火驱过程中岩矿反应与原油氧化是一个同步过程，流体的参与使岩矿发生多种反应，岩矿则可以改变原油的氧化进程及产出气的组成。实验表明，岩矿的存在可致使稠油的低温氧化及高温氧化 DTA 峰值温度都减小，低温氧化的峰值温度从 410.3℃减少为 389℃，而高温氧化的峰值温度从 534.5℃减少为 487℃（图 4-12），可见矿物的存在对稠油氧化也具有一定的催化作用。

## 二、高温火驱岩矿反应过程

不同温度、不同流体环境的储层岩矿反应主导机制不同，根据不同温度下矿物转化特点、稠油与岩矿氧化行为以及火驱燃烧区带分布，可将火驱岩矿变化过程划分为 5 个阶段（图 4-13）。

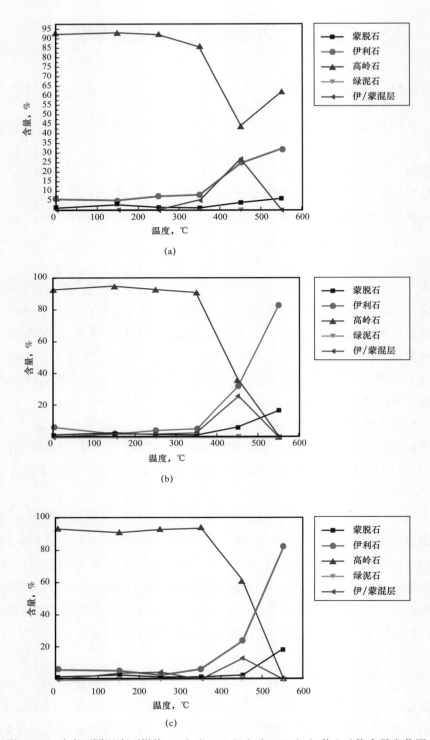

图 4-11　砂岩不同温度下燃烧 1h（a）、3h（b）和 10h（c）黏土矿物含量变化图

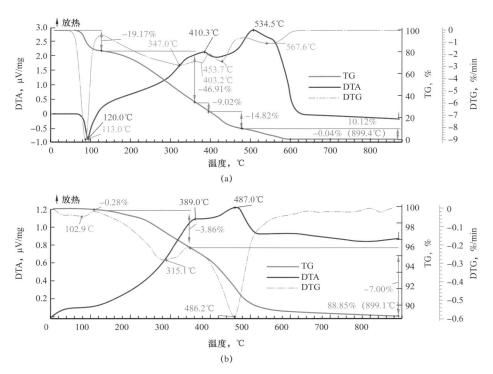

图 4-12　红浅 1 井区稠油（a）与岩矿（含油）样品（b）的 DTA-TG-DTG 曲线

TG—热重；DTG—微商热重；DTA—差热分析

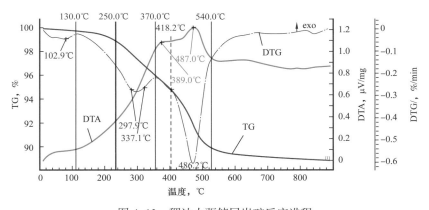

图 4-13　稠油火驱储层岩矿反应进程

第一阶段：温度介于 30～130℃。由于矿物表面吸附水及所含稠油中挥发分释放、黏土矿物吸附水及部分层间水脱除，导致了 DTG 曲线出现第一个失重。此阶段的典型岩矿反应为长石与流体相互作用而发生水岩反应，使长石溶蚀形成新生的高岭石、伊利石以及石英雏晶，其反应方程式如下：

$$2NaAlSi_3O_8 \cdot CaAl_2Si_2O_8 + 4H^+ + 2H_2O \longrightarrow 2Al_2Si_2O_5(OH)_4 + 4SiO_2 + 2Na^+ + Ca^{2+}$$

斜长石　　　　　　　　　　　　高岭石　　　石英

$$2KAlSi_3O_8 + 2CH_3COOH + 12H_2O \longrightarrow KAlSi_3O_{10}(OH)_2 + 2K^+ + 6H_4SiO_4$$

微斜长石　　　　　　　　　　　　伊利石

水岩反应主导的矿物转化可以持续到更高温度（400℃左右），也使长石的溶蚀进一步发育，并形成新的粒内孔和粒间孔，一定程度上改善了储层物性。

第二阶段：温度介于130～250℃。因黏土矿物层间水释放及稠油低温氧化导致DTG曲线出现第二个失重。岩矿在此阶段除了发生水岩反应外，还可见自生石英排除杂质的现象。比较重要的是黄铁矿在此阶段与活化流体发生反应形成硫化氢，可能是低温下硫化氢形成的主要来源。

第三阶段：温度介于250～370℃。由于稠油氧化使DTG曲线出现第三个失重。主导的岩矿反应仍为长石溶蚀，但磁赤铁矿（$\gamma$-$Fe_2O_3$）微晶在260℃时，代表磁铁矿的667cm$^{-1}$减弱，而代表赤铁矿的1317cm$^{-1}$和605 cm$^{-1}$突然加强（图4-14），说明磁赤铁矿在该温度下开始向赤铁矿转化，这也导致岩石颜色开始变红。

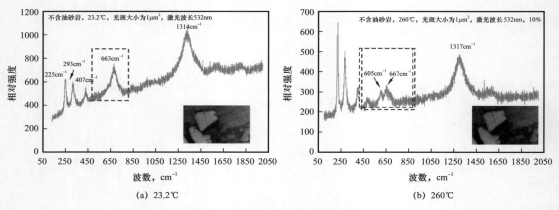

(a) 23.2℃　　　　　　　　　　　　　　(b) 260℃

图4-14　磁赤铁加热原位矿激光拉曼光谱

第四阶段：对应温度区间为370～540℃。这一阶段的岩矿反应主要为黏土矿物（高岭石为主）的部分脱羟基以及高岭石偏高岭石化，主导矿物转化机理为矿物相变，致使储层孔隙度和渗透率进一步增大。除此之外，此阶段硫酸盐的热化学还原（TSR）会产生大量的硫化氢。

第五阶段：温度大于540℃。以大量的矿物相变为特征。主要的矿物转化有钾长石向透长石过渡、微晶长石和微晶石英的非晶化、磁铁矿（$Fe_3O_4$）赤铁矿化（$Fe_2O_3$）、白云石晶体遭受破坏、高岭石伊利石化和红柱石化。其中有指示意义的是磁铁矿赤铁矿化，这一转化过程致使岩石的颜色进一步变红。而红柱石的出现说明高温下发生了变质作用，可以作为高温火驱的典型标志。研究中还发现了"单质铁"和"单晶硅"，说明高温火驱并非一直是氧化过程，而是存在高温还原环境。

值得注意的是，高温火驱过程中随着前缘不断向前推进，燃烧区带的分布也逐渐向前推移，储层温度分布也会发生调整。已燃区其实相当于剩余油区依次转变为油墙、结焦带、火墙后形成的，也就是说，已燃区的温度经历了从原始油藏温度逐渐升高而后降低的过程。因此，经历过高温火烧后的储层岩石变化其实是前述 5 个阶段矿物变化的叠加。如果细化解剖，第一阶段至第五阶段的岩矿反应产生的区域依次为剩余油区—油墙、油墙—结焦带、结焦带、结焦带—火墙、燃烧区（火墙）。

基于上述分析，可以说高温火驱储层岩矿经历了从低温水岩反应到高温相变的复杂历程，其特征可总结为"多相反应、温度主导、过程叠加"。

### 三、岩矿反应的应用

对于碎屑岩来讲，影响其颜色的主要包括有机色素和无机色素，其中无机色素主要是铁质和锰质。即便是它们在岩石中的含量极少，但只要其中某种致色物质的种属或含量发生细微变化，那么就引起岩石颜色的显著变化。多数黑色—灰黑色的沉积岩反映了其中含有有机物；岩石的颜色随碳含量的增加而变深。岩石呈红色、红褐色、棕色、黄色、紫色等，与 Fe 的氧化物或氢氧化物（赤铁矿、褐铁矿）颜色有关，代表了相对氧化环境；岩石呈绿色一般与含 $Fe^{2+}$ 的矿物有关，含 $Fe^{2+}$ 的绿泥石是碎屑岩中重要的绿色矿物色素。同时，岩石的颜色还取决于岩石的湿度。同一块岩石样品在干燥和潮湿条件下的颜色有明显差异。相同组成矿物和比例的碎屑岩，如果颗粒大小、矿物排列方式等不同，那么也会造成颜色多样。

为快速方便判断火烧岩石所经历的温度范围，开展了不同温度下储层岩石颜色比色板研究工作。利用新疆油田红浅八道湾组不同含油饱和度的砂岩样品，分别在 250℃，300℃，350℃，400℃，450℃，500℃，550℃，600℃，650℃，700℃，750℃和 800℃条件下进行模拟火烧，获得了四组颜色图版。

2013 年 9 月，新疆油田从先导试验区燃烧后区域打了两口密闭取心井（h2071A 井、h2118A 井）。从岩心观察看已燃区域岩心整体呈"砖红色"（包括层内岩性夹层），油层纵向动用程度达到 80% 以上，反映出试验区经历了高温燃烧，高温燃烧有效降低了层内不连续夹层对火驱生产效果和油藏动用程度的影响，提高了油藏动用率。

但是取心井在纵向上经历了多高温度的火烧，燃烧方式是什么？我们根据不同温度下长石岩屑砂岩的颜色图版与 h2071A 井岩心中已经发生火烧的样品进行对比，推测岩心样品经历火烧过程中到达的温度区间。比如判断 543～544.09m 的温度为 700～750℃，矿场在 543m 监测到最高温度 739℃；判断纵向上基本经历了 400℃以上的高温火驱，与矿场监测基本一致（图 4-15）。

根据岩心标本和颜色图版岩石实物的比对，用比对温度和井深联合做出图解。通过温度折线图分析可知，储层在纵向上表现出温度的明显差异，其顶部温度相对较高，而底部相对较低，并存在驼峰似的两个最高温度，说明储层在火烧过程中燃烧不均匀。但整体而言，底部温度相对顶部要低（不排除有机质含量差异），火墙呈上高下低的舌型推进趋势。

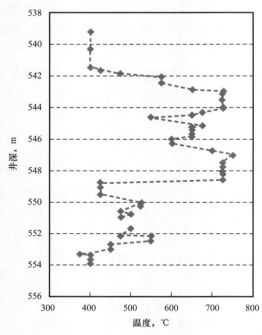

图 4-15　h2071A 井岩心中 539.2～553.87m 样品的比对温度和井深折线图

# 参 考 文 献

［1］岳清山，王艳辉.火烧驱油采油方法的应用［M］.北京：石油工业出版社，2000：16-18.

［2］张敬华，贾庆忠，等.火驱采油［M］.北京：石油工业出版社，2000：152-169.

［3］关文龙，马德胜，梁金中，等.火驱储层区带特征实验研究［J］.石油学报，2010, 31（01）：100-109.

［4］Greaves M, Al Shamali O. In-situ Combustion（ISC）Process using Horizontal Wells［J］. Journal of Canadian Petroleum Technology, 1996, 35（04）：49-55.

［5］Greaves M, Ren S R, Xia T X. New Air Injection Technology for IOR Operations in Light and Heavy Oil Reservoirs［R］. SPE 57295, 1999.

［6］Greaves M, Xia T X, Ayasse C. Underground Upgrading of Heavy Oil using THAI "Toe-to-Heel Air Injection"［R］. SPE 97728, 2005.

# 注空气开发技术

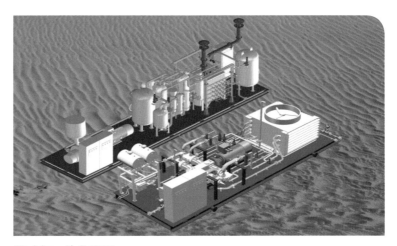

膜减氧一体化装置

新疆油田火驱点火装备

# 第五章　空气驱油技术

空气驱开采技术是一项复杂的系统工程，涉及很多地质、油藏工程、注采工艺和配套装备方面的技术问题，既有一般注气工程相同的问题，还有空气驱的一些特殊的技术问题：比如注入系统和产出系统的爆炸和腐蚀等问题。这些难题不解决，现场试验和规模化的应用就无法实施。国外在空气驱油工程技术方面的资料很少有公开的报道，施工现场也采取了严格的保密措施；国内油田空气/泡沫驱试验虽有应用，但可供借鉴和使用的成熟技术有限，在工艺实施上主要借鉴国内注天然气和注氮气的一些经验。结合国内外以及中国石油几个注空气相关重大开发试验的研究与现场实施经验，综合考虑工艺—设备—管理等方面，对注空气采油过程中的各环节进行风险分析，找出其存在的主要安全风险，并在空气驱安全控制技术方面给出合理的建议，为稀油油藏空气驱的现场应用提供借鉴，从而促进相关安全配套技术的发展和完善。

## 第一节　原油空气反应爆炸机理及防控技术

空气驱采油技术被国内外专家认为是一种具有创新性的技术，但是与国外不同，注空气驱油技术在国内还没有被广泛推广与应用，主要原因是空气驱采油过程中存在着爆炸风险：与常规注气注水技术不同，注空气过程中从空气压缩机到注气管线，从注气井到生产井，在有氧气存在的条件下，油气混合有可能发生爆炸。空气压缩机内积炭的自燃，生产管线油气的泄漏，注气井井筒内油气的回流，生产井井筒内氧气的突破，使得整个注空气驱油过程都存在一定的风险。一旦发生爆炸事故，很可能导致注气井、生产井乃至管线的全部破坏废弃，给国家资源和人员财产造成重大损失。

### 一、空气驱混合气体反应爆炸机理

#### 1. 可燃性气体爆炸机理

爆炸[1]是物质在短时间和较小的空间内发生的一种非常急剧的物理、化学变化，瞬间释放出大量能量，造成整个系统温度和压力的急剧升高，在高压作用下，爆炸介质表现出不寻常的运动或机械破坏效应，以及受振动而产生的音响效应。爆炸过程可划分为两个阶段：第一阶段，物质的能量以一定的形式（定容、绝热）转变为强压缩能；第二阶段，强压缩能急剧绝热膨胀对外做功，导致被作用介质的变形、移动和破坏。

1）可燃气体爆炸极限的计算方法

空气驱过程中，可能发生爆炸的可燃气体是天然气（甲烷），单组分气体混合物（甲烷与空气混合）的爆炸极限的计算公式为：

$$C_L = \frac{100}{4.76(N-1)+1} \tag{5-1}$$

$$C_U = \frac{400}{4.76N+4} \tag{5-2}$$

式中　$C_L$——单组分可燃性气体的爆炸下限，%；

　　　$C_U$——单组分可燃性气体的爆炸上限，%；

　　　$N$——混合物完全燃烧所需氧原子数。

对多组分气体（如天然气）来说，其爆炸极限介于各单组分气体的极限值之间，可用式（5-3）进行估算：

$$C_{min} = \frac{100}{\dfrac{V_1}{C_1} + \dfrac{V_2}{C_2} + \cdots + \dfrac{V_n}{C_n}} \tag{5-3}$$

式中　$C_{min}$——多组分可燃性混合物的爆炸极限，%；

　　　$V_1$，$V_2$，$V_3$，$\cdots$，$V_n$——单组分气体在混合气体中所占的体积分数，%；

　　　$C_1$，$C_2$，$C_3$，$\cdots$，$C_n$——单组分气体的爆炸极限的界限，%。

由于影响气体爆炸的因素很多，因此，特定条件下可燃气体的爆炸极限应通过实验测得。

2）可燃气体爆炸临界氧含量和安全氧含量

临界氧含量是指当给以足够的点火能量时，能使某一浓度的可燃气体刚好不发生燃烧爆炸的临界氧气浓度，即为爆炸与不爆炸的临界点。若氧含量高于此浓度，便会发生燃烧或爆炸，当氧含量低于此浓度时，便不会发生燃烧或爆炸。安全氧含量是指在密闭空间内形成爆炸性气体的混合气体（液体蒸气）中氧含量的安全值，即以氮气、二氧化碳等惰性气体置换装在储罐或管道中的可燃气体，当给以足够高的点火能量都不能使任意浓度的可燃性气体或液体蒸气发生爆炸的最低氧气浓度，而当混合气体中氧气含量高于此浓度时，某一浓度的可燃性气体可能会发生燃烧或爆炸，但是若混合气体中氧气含量低于此浓度时，则无论混合气体中可燃性气体的浓度如何变化均不会有燃烧或爆炸现象的发生。通常最低临界氧含量即为安全氧含量。爆炸临界氧含量计算方法如下。

可燃性气体（液体蒸气）与氧气发生完全燃烧时，化学反应式：

$$C_nH_mO_\lambda + \left(n + \frac{m-2\lambda}{4}\right)O_2 \longrightarrow nCO_2 + \frac{m}{2}H_2O \tag{5-4}$$

式中　$n$——碳原子的个数；

$m$——氢原子的个数；

$\lambda$——氧原子的个数。

当混合物中可燃性气体（液体蒸气）的体积分数为爆炸下限 $L$ 时，此时的反应属于富氧状态，则可计算理论的临界氧含量（也叫理论最小氧体积分数），其相应的计算公式为：

$$C\left(O_2\right) = L\left(n + \frac{m-2\lambda}{4}\right) = LN \tag{5-5}$$

式中　$C\left(O_2\right)$——可燃性气体（液体蒸气）的理论临界氧含量，%；

$L$——可燃性气体（液体蒸气）的爆炸下限，同时也为其体积分数，%；

$N$——1mol 可燃性气体（液体蒸气）完全燃烧时所需要的氧分子数，个。

比如对甲烷分子来说，其完全燃烧时需 2 个氧气分子，所以，如果甲烷的爆炸下限为 5%，则其对应的临界氧含量就应该为 10%。但是由于目前关于井下高温高压条件下氧的安全限值还没有相关试验研究，因此，需要进一步研究压力、温度和惰性气体等对临界氧含量的影响。

根据式（5-1）中公式可以计算出，当烷烃浓度为爆炸下限时所需要的理论临界氧含量，计算结果见表 5-1。

常温常压下，理论的临界氧含量等于可燃物的浓度为爆炸下限时，可燃性气体刚好完全反应所需要的临界氧含量。而当可燃性气体浓度为爆炸上限时，其相应的临界氧含量应等于混合气体中氧气的实际含量。因此，在没有实际实验数据做支撑的情况下，可以利用可燃性气体的浓度为爆炸下限，且达到完全燃烧时所需要的氧分子的个数（即最小氧体积分数）来估算其临界氧含量。从表 5-1 中还可以看出，在烷烃同系物中，甲烷的理论临界氧含量要低于其他烷烃类化合物，因此，对大多数石油产物而言，常温常压下，其理论临界氧含量为 10% 左右，当氧含量低于这个值时，即使遇明火也不会发生爆炸。

表 5-1　烷烃浓度为爆炸下限时的理论临界氧含量　　　　　　　　单位：%

| 成分 | 甲烷 | 乙烷 | 丙烷 | 丁烷 | 戊烷 | 己烷 | 庚烷 | 辛烷 | 壬烷 | 癸烷 |
|---|---|---|---|---|---|---|---|---|---|---|
| $L_{25}$ | 5.0 | 3.0 | 2.1 | 1.8 | 1.4 | 1.2 | 1.05 | 0.95 | 0.85 | 0.75 |
| $N$ | 2 | 3.5 | 5 | 6.5 | 8 | 9.5 | 11 | 12.5 | 14 | 15.5 |
| $C\left(O_2\right)$ | 10 | 10.5 | 10.5 | 11.7 | 11.2 | 11.4 | 11.6 | 11.9 | 11.9 | 11.9 |

注：$L_{25}$ 为 25℃ 时烷烃的爆炸下限。

## 2. 常规条件井下石油气燃爆氧含量界限

注空气过程中的各个环节均存在着可燃性混合物爆炸的危险，当空气注入油层后，空气中的氧气和原油可在油藏中发生氧化反应，消耗部分氧气，但在氧化反应不完全的情况下，地层中的轻烃组分就会和氧气形成混合性爆炸气体。研究石油气燃爆氧含量界限，首先要研究常规条件下可燃气体的燃爆特性，油井产出气的气体成分及含量是不同的，按照大港油田某油藏条件进行测试。实验条件：温度 65℃、产出气中甲烷含量为92.07%、乙烷含量为 5.06%。

1）甲烷爆炸极限的影响因素

在温度 20～90℃ 和压力 0.2～1.2MPa 的条件下开展实验，采用图 5-1 所示的混合气体爆炸实验装置，模拟井下可燃气体的燃爆条件。实验装置包括爆炸容器、配气装置、控温控压、点火和安全控制系统，爆炸室容积为 24L，放置于加热功率为 6kW 的恒温箱内。

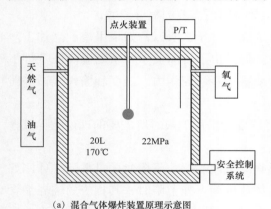

（a）混合气体爆炸装置原理示意图 　　　　　　　　 （b）混合气体爆炸装置实物图

图 5-1　混合气体爆炸装置

实验前首先进行模拟计算，确定实验方案。计算混合气体中氧气和甲烷浓度的相关计算公式分别可见式（5-6）和式（5-7）。混合气样配置完后，可分别采用色谱分析仪和氧气测试仪对其进行气样分析测试，实验结果表明误差在可接受的范围内时才可进行下一步实验。

$$p = \sum p_i \qquad (5-6)$$

$$p_i = p\Phi_i \qquad (5-7)$$

式中　　$p$——混合气体的绝对压力，MPa；

　　　　$p_i$——混合气体中 $i$ 组分的绝对分压力，MPa；

　　　　$\Phi_i$——混合气体中 $i$ 组分的体积分数，%。

测爆炸下限时样品增加量每次不大于 10%，测爆炸上限时样品减少量每次不小于2%，确保在实验条件下实验数据的准确性和可靠性。

判定方法：从爆炸的特征来看，爆炸发生时温度和压力都会发生很大的变化，因此，一般情况下，通过这两个因素来判定是否发生爆炸。

当对某一浓度的气体进行高压放电点火实验时，可以根据压力表和温度传感器的示数变化来确定此次实验过程中气体是否被点燃。发生爆炸时，从压力表和压力传感器可以看到压力瞬间上升（在 2s 以内），可达初始压力的 5～9 倍；从温度传感器可以看出温度的急剧上升，瞬时温度高达 400℃。同时，爆炸发生时会发生响声，在爆炸上下限附近声音低而沉闷，在爆炸浓度范围中间部分爆炸声音清脆响亮。一般来说，在爆炸上下限附近发生的爆炸不是特别剧烈，温度和压力发生的变化也远远没有其他浓度发生爆炸时变化大。

该实验主要测试了甲烷的爆炸上限值、下限值及其对应的氧含量和加入惰性气体（氮气）后的爆炸极限及临界氧含量的变化趋势，并据此制定了氧含量的安全标准。

（1）温度和压力对甲烷爆炸下限的影响。

表 5-2 为实验测定的甲烷的爆炸下限及其对应的氧含量随实验温度压力的变化关系表。由表 5-2 可以看出，甲烷的爆炸下限随温度和压力的增大而逐渐减小，但是减小的幅度不大。当甲烷的爆炸下限降低至一定程度后，其变化基本趋于稳定，甚至能达到实验设备目前所能测试的极限。也就是说实验设备目前所能测得的爆炸下限最低值为 4.76%，此时对应的氧含量为 20%。在只有可燃气体和空气的混合体系中，可燃气体的爆炸下限和体系中的氧含量是此消彼长的关系，爆炸下限降低，氧含量必定升高，即在爆炸下限附近，体系中的氧必定是过量的。在 90℃时，不同压力下的甲烷爆炸下限基本不受氧含量的影响。

**表 5-2　甲烷的爆炸下限和对应的氧含量随温度和压力变化关系表**

| 系统初始压力<br>MPa | 系统初始温度<br>℃ | 甲烷爆炸下限<br>% | 氧含量<br>% |
|---|---|---|---|
| 0.4 | 20 | 5.21 | 19.91 |
|  | 50 | 4.99 | 19.95 |
|  | 90 | 4.76 | 20 |
| 0.8 | 20 | 5 | 19.95 |
|  | 50 | 4.87 | 19.8 |
|  | 90 | 4.76 | 20 |

（2）温度、压力对甲烷爆炸上限的影响。

表 5-3 中分析结果表明，甲烷的爆炸上限随着温度和压力的增大而逐渐升高，而所对应的氧含量则是逐渐降低的，原因是在甲烷爆炸上限附近，体系中的氧气含量不足，且随着温度和压力的升高，分子间距变小，分子的活化能增大，分子运动加剧，活化分子碰撞的次数增多，因此，燃烧反应就更容易进行，所需要的氧也就有所减少，相应地爆炸极限的范围就有所变宽，爆炸的危险性增大；随着温度压力的升高，爆炸极限的变化趋势相对缓慢，甲烷的爆炸极限范围为 4.76%～16.95%。

表 5-3　甲烷的爆炸上限和对应的氧含量随温度和压力变化表

| 系统初始压力，MPa | 0.3 | 0.5 | 0.7 | 1.0 | 1.2 |
|---|---|---|---|---|---|
| 20℃甲烷爆炸上限，% | 14.29 | 14.81 | 15.79 | 16.00 | 16.39 |
| 20℃氧含量，% | 18.00 | 17.89 | 17.68 | 17.64 | 17.56 |
| 50℃甲烷爆炸上限，% | 14.81 | 15.38 | 16.22 | 16.67 | 16.81 |
| 50℃氧含量，% | 17.89 | 17.77 | 17.59 | 17.50 | 17.47 |
| 90℃甲烷爆炸上限，% | 15.38 | 16.00 | 16.44 | 16.84 | 16.95 |
| 90℃氧含量，% | 17.77 | 17.64 | 17.55 | 17.46 | 17.44 |

（3）惰性气体对甲烷爆炸极限的影响。

由于空气中氧气含量是一个定值，因此，只有通过在可燃气体和空气所组成的混合物中添加一定量的惰性气体，才能改变混合气体中氧气的含量，进而可确定可燃气体爆炸的临界点和临界氧含量。惰性气体的种类不同，其惰化效率也不同，对临界氧含量值的测定所产生的影响也不同。在可燃性混合气体（液体蒸气）中，加入惰性气体后，混合气体中的氧气含量相对减小，爆炸极限的范围有效缩小，爆炸下限少量上移，而爆炸上限却大幅度下移。爆炸极限的范围最终会汇聚为一点，此点即为爆炸临界点，而其所对应的氧含量即为最低临界氧含量。如果加入的惰性气体能使可燃性气体（液体蒸气）中的氧气浓度控制在最低临界氧含量以下，那么无论可燃性气体（液体蒸气）与惰性气体的含量如何变化，也不会发生爆炸。要控制爆炸的发生，可将可燃气体的浓度控制在爆炸极限范围以外，或者采用最安全的方法，即控制体系中氧含量的值低于临界氧含量的最低值即安全氧含量。

采用增加氮气含量的方法进行爆炸实验，氮气的加入降低了混合气体中的氧含量，最终导致甲烷的爆炸极限发生变化，当氮气/甲烷的比值大于6时，混合气体处于安全范围内，此时的最低临界氧含量的最小值为12.35%，高于理论的最低临界氧含量值，见表5-4。

表 5-4　90℃时不同惰性气体/甲烷配比下甲烷的爆炸极限及相应的氧含量

| 氮气/甲烷配比 | 0 | 1 | 2 | 3 | 4 | 5 | 6 |
|---|---|---|---|---|---|---|---|
| 0.5MPa 甲烷爆炸上限，% | 14.89 | 10.53 | 9.09 | 8.00 | 7.14 | 6.45 | 5.80 |
| 0.5MPa 上限对应的氧含量，% | 17.77 | 16.58 | 15.27 | 14.28 | 13.50 | 12.87 | 12.48 |
| 1MPa 甲烷爆炸上限，% | 16.00 | 12.50 | 10.00 | 7.69 | 6.78 | 6.25 | 5.88 |
| 1MPa 上限对应的氧含量，% | 17.64 | 15.75 | 14.70 | 14.54 | 13.88 | 13.25 | 12.35 |
| 0.8MPa 甲烷爆炸下限，% | 4.76 | 4.88 | 5.00 | 5.26 | 5.41 | 5.56 | 5.88 |
| 0.8MPa 下限对应氧含量，% | 20.00 | 18.95 | 17.85 | 16.58 | 15.32 | 14.00 | 12.35 |

2）甲烷—空气的爆炸区域确定

选取 150 组有代表性的实验数据作图，可得到甲烷—空气的爆炸极限及爆炸区域范围图，如图 5-2 所示。图中采用黑线圈闭表示实验测得的甲烷和空气混合物的爆炸区域的范围，紫色点表示实测的爆炸点，蓝色点则表示不发生爆炸的实验点。实验过程中还发现，在爆炸区域范围内，如果氧气和甲烷的配比不合适则不会发生爆炸，而且在爆炸区域外的所有点均不会发生爆炸。实验室条件下可测得，甲烷的爆炸极限为4.76%～16.95%，最低临界氧含量为 12.35%。但值得注意的是，在纯氧条件下，即氧气含量超过 21% 后，甲烷的爆炸区域的范围会随氧含量值的增加而变宽。

由图 5-2 还可以看出，温度变化对甲烷的爆炸上限、下限和相应的氧含量值影响不大，甲烷的爆炸上限为 14.81%～15.38%，对应的氧含量值为 17.76%～17.88%；甲烷的爆炸下限为 4.76%～5.44%，而对应的氧含量值为 19.86%～20%。

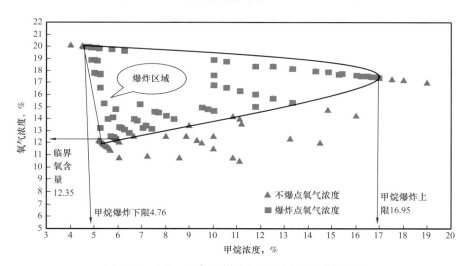

图 5-2　甲烷—空气的爆炸极限及爆炸区域范围图

在爆炸区域范围内，每一个可燃气体浓度都对应着唯一的临界氧浓度，因此可选取部分实验数据，运用数值分析的原理拟合并得出相应的规律。选取最接近工况条件的一组实验数据（表 5-5），利用计算机可拟合出临界氧浓度与甲烷浓度间的 4 次函数关系式：

$$Y=-0.0058X^4+0.262X^3-4.2756X^2+30.207X-63.77 \qquad （5-8）$$

式中　$Y$——临界氧浓度，%；

　　　$X$——甲烷浓度，%。

据此可以绘出相应的模型图，则可以从理论上简单快捷地估算出可燃物在爆炸范围内的浓度及所对应的临界氧浓度。

表5-5　初始压力1MPa初始温度90℃时甲烷浓度对应的临界氧浓度

| 甲烷浓度，% | 5.88 | 6.25 | 6.78 | 7.69 | 10.00 | 12.50 | 16.00 |
|---|---|---|---|---|---|---|---|
| 临界氧浓度，% | 12.35 | 13.13 | 13.88 | 14.54 | 14.70 | 15.75 | 17.64 |

### 3. 工况条件下可燃气体燃爆氧含量界限

在常规条件下完成的天然气及氧含量爆炸界限实验研究表明，温度和压力与爆炸极限具有直接的相关性，所以，制订现场应用的减氧空气氧含量界限必须依靠工况条件下的测试结果。实验基于油井天然气组分配制气样品，用高温高压爆炸实验装置测试，实验样品组分及含量：$CH_4$90%，$C_2H_6$6%，$C_3H_8$2%，$C_4H_{10}$1%，$CO_2$和$N_2$1%。

高温高压爆炸实验装置如图5-3所示，设备主要组成包括，高压高温爆炸反应釜、高能点火系统、气瓶、数据采集系统、真空泵和气体增压泵。爆炸反应釜容积645mL，内腔有效长度362mm，内径50mm，壁厚32.5mm，最大可以承受160MPa的爆炸压力。

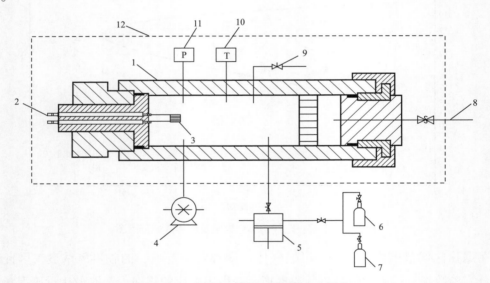

图5-3　高温高压爆炸实验装置示意图

1—高压爆炸反应釜；2—电极；3—点火钨丝；4—真空泵；5—增压泵；6—空气、氮气和氧气气源；7—可燃气体气源；8—活塞压力调节阀；9—排气阀；10—温度传感器（精度0.1℃）；11—压力传感器（精度0.01MPa）；12—加热烘箱

高压爆炸实验中，采用了1.2mm的高温钨丝作为点火源，由24V和400W的直流电源驱动。一定长度制成螺旋状的点火钨丝置于爆炸容器内一端，通过密封电极连接到外部电源。在爆炸实验过程中，通电点火引爆后（点火能量＞500J/s）爆炸火焰水平传播，可以模拟油田井筒或天然气内燃机等管状空间发生的爆炸。实验采用钨丝点火系统，能在5s内释放约3000J的能量，远远大于常规火花点火系统，高温钨丝提供的能量足以克服最小点火能量，达到引爆的目的。

实验：先将可燃气体按一定压力注入爆炸釜内，然后注入氮气稀释，使可燃气体含量处于预测的爆炸下限和上限内［一般采用高于爆炸下限 2%～4%（体积分数）］。静止平衡后，采用浓度逼近方法，逐步注入氧气，进行试爆，直至发生爆炸，观察记录爆炸时的温度、压力和气体组分，确定实验工况爆炸釜内混合气体中的氧气含量，即为该工况下爆炸所需的最低临界氧气含量。根据气源组分精度、气体配制精度、温度和压力测试精度、浓度逼近步长及重复实验结果，综合得到的临界氧气含量的实验误差小于 0.5%（体积分数）。

实验测试结果：天然气样爆炸所需最小临界氧含量测试实验结果见表 5-6，常温常压条件下爆炸所需临界氧含量为 11.07%，高压下由于可燃气体被压缩，单位体积内可燃气体质量增加，燃烧反应的能量增加，因此，随着温度和压力由常温常压逐渐增大到 95℃ 和 25MPa 时，爆炸临界氧含量逐渐由 11.07% 降至 5.96%，天然气的爆炸下限 6.5% 降至 4.31%。

**表 5-6 不同温压条件下天然气样爆炸所需最小临界氧含量实验结果**

| 标定压力 / 温度 MPa/℃ | 爆炸初始压力 MPa | 爆炸后最高压力 MPa | 爆炸时天然气含量 %（体积分数） | 爆炸所需临界氧含量测试值 %（体积分数） | 备注 |
|---|---|---|---|---|---|
| 0.1/25 | 0.10 | >0.15 | 6.50 | 11.07 | 常温常压 |
| 15/65 | 14.96 | >19 | 4.67 | 6.59 | 高温高压 |
| 20/80 | 20.12 | >25 | 4.49 | 6.25 | 高温高压 |
| 25/95 | 24.87 | >32 | 4.31 | 5.96 | 高温高压 |

注：爆炸后最高压力是通过压力表和压力传感器即时读取的。发生爆炸时压力和温度瞬时升高，又很快回落，读取的数据仅供判别爆炸和评估爆炸能量参考。

## 二、注空气开发安全控制技术

### 1. 注采井安全风险分析及防护措施

#### 1）完井要求

对于高压注空气固井，尤其是注气压力在 25MPa 以上的长期注气井，钻井完井应当按高压气井完井要求进行完井：基本的要求必须符合以下条件：（1）要设计表层、技术、油层三层套管；（2）油层套管应下气密封螺纹套管；（3）水泥返高到地面。注气压力在 25MPa 以内注气井，从节约投资考虑，可以按普通井完井办法，但固井质量要求要高一些。

比如国外空气驱项目注气井主要是利用老井。如 Coral Creek 和 MPHU 等油田[2]注水中后期高压注空气项目；最后得出了高压注空气法的一些通用执行标准可以把现有的注水井改成注空气井；在国内，中原油田空气泡沫驱油现场试验在 5 个区块 11 个井组进行了现场施工，全部是利用原来的注水井。吐哈油田温五区块注天然气项目（注气压力 32MPa），以及百色油田、延长油矿、长庆油田注空气 / 空气泡沫驱也都是利用的老井（表 5-7）。

目前为止，有个别井存在层间窜漏，但没有因为完井问题出现安全事故。作为高压注气井对井况的要求必然要严格；对注气井要求水泥返高至少应在注气井段顶界 300m 以上，并且要求固井质量应当为优。同时，在注气管柱设计时，在注气层位上部下保护性封隔器，套管环空添加防腐保护液，是可以满足注空气试验要求的。对于套变、套损老井可借鉴中原油田现场经验，实施全井下 4in 套管重新固井的大修措施，用 2in 加厚油管 +4in 封隔器注气管柱完井。

表 5-7　不同油田高压注气完井情况调查表

| 油田或区块 | 注入类型 | 注入压力 MPa | 注气井数 口 | 井别 |
|---|---|---|---|---|
| 长庆马岭 | 空气泡沫 | 11.0 ↑ 16.8 | 1 | 老井 |
| 百色百 4 | 空气泡沫、泡沫液气交替 | | 4 | 老井 |
| 百色仑 16 | 空气泡沫 | $p_{max}=18.0$ | 2 | 老井 |
| 吐哈温五 | 天然气水交替 | $p_{max}=32.0$ | 2 | 老井（已腐蚀） |
| 中原胡 12 区块 | 空气泡沫 | $p_{max}=38.0$ | 4 | 老井 |
| 延长吴旗 | 空气 | 13.0 ↑ 22.0 | 1 | 老井 |
| W. Hackberry | 空气 | $p_{max}=29.6$ | 初期试验井 1 口 | 老井 |
| MPHU | 空气 | $p_{max}=41.4$ | 1987 年：7 口 | 老井 |
| Coral Creek | 空气 | $p_{max}=33.1$ | | 老井 |

2）注气井安全风险及控制措施

高压注空气井主要的风险因素有注入井爆炸、注入管柱漏气导致套管长时间承压、注入井严重高压氧气腐蚀。

（1）注入井爆炸风险及对策。

注入井的爆炸主要是因为空气注入压力低，导致油气回流到注气井，与空气混合发生燃烧爆炸反应。例如 1997 年[3]，美国西部的一口注入井，在关井 6 个月后打开圆盘导翼阀时发生着火，由于处理及时并没有造成人员伤亡。

① 造成注气压力低的原因。

注气停止，包括空压机正常停注和空压机故障停注两个因素。空压机停止工作导致注入井压力突然下降，在没有井下回压控制的情况下将会发生油气的回流到井筒；空气压缩机的重新启动，井口压力开始时也会低于设计压力，同时由于停注时间内地层压力的升高都会导致油气回流；注气管线泄漏导致注气压力不足，这主要是由管线腐蚀穿孔引起的，从而导致注气量和注入压力的不足，空压机排气量异常，注气压力不稳定。

②注气过程中采取的主要防护措施。

加强对注入井的压力、温度和注入量的监测，防止注气井内压力低于油藏压力，井下可采用封隔器和回流控制阀等装置减少油气进入注气井；在注入井中保持正的空气压力是防止油气回流安全操作的基本要求。在地面安装备用空压机，保障井场连续供电，以保证不间断注气。在注空气现场实施的早期阶段，国外有的公司规定，当压缩机的停机时间超过 30min 时，就采用一套净化压井系统，向井内泵入氮气、水、2% 的氯化钾水溶液或者直接利用泡沫液，将剩余的空气推入地层，以阻止油气回流；注气井井口和注气地面管线安装高压单流阀，防止油管内的高压气体回流到地面管线和地面设备；对注气井入井气体和油套环空气体成分进行监测，根据油气成分估算其爆炸极限，预测是否有爆炸倾向，再进行相应的防范措施。

（2）注入井管柱渗漏风险及对策。

Bufflo 油田注空气井进行了常规设计，使用了直径 $2^3/_8$in 外加厚油管、密封总成、永久封隔器和环空保护液。但环形空间存在空气渗漏现象，后来，油管系统中采用优质接头、O 形接头密封圈和防止少量空气渗漏和腐蚀的塑料涂层；更换了油管螺纹耐高温螺纹油，以使螺纹油的氧化降至最低程度；用氢和氦检验每根油管接头以更好地检测可能的空气渗漏；用 1000psi 压力表替换 5000psi 压力表以便更快检测出空气渗漏；更换密封总成和封隔器弹性材料以使氧化降解降至最低程度；从封隔器上清除所有油漆，因为油漆有自然燃烧催化剂的作用，但环形空间存在空气渗漏一直无法消除。MPHU 油田 1992 年新钻注入井中下入能减少油管漏失危险的连续油管，彻底消除了管柱渗漏问题。

（3）注入井管柱设计要求。

高压注气井下工具管串必须满足以下条件：

① 满足高温高压条件下气密封性要求，有效封隔油套环空的作用；

② 满足各种工艺措施施工的需要，能提供必要的开关和流道；

③ 满足必需的测试工艺的需要；

④ 必要时管柱可通过适当方法安全起出；

⑤ 必要时能切断油管通道，具有安全保护作用。

3）采油井安全风险及控制措施

高压注空气开发采油井主要的风险因素有采油井爆炸、采油井腐蚀，另外采油井不同生产阶段具有不同的生产动态，因此需要不同的举升设计要求。

（1）采油井爆炸风险及对策。

生产井爆炸主要是由于气窜和氧化不完全造成的生产井中氧气含量过高，与井下轻烃组分形成的混合性易爆炸气体在爆炸范围内，如有足够点火能量时将导致爆炸。氧气突破是注空气过程中最为关注的不安全因素。其原因主要有以下几方面：① 油藏温度过低，导致氧化反应速度慢，甚至氧化过程停止，氧耗量降低，存在过剩氧气。② 注入井到生产井间的井距过近，导致氧气过早突破。③ 空气通过油藏中的高渗透层、裂缝或高渗透条带直接窜到生产井。④ 缺乏对气体的监测或预警。⑤ 由于注入气体突破，造成生产井井口压力增高。

目前现场应用可采取的防护措施有：① 在工程开始之前，应筛选确定适合注空气的目标油藏，深入研究油藏动态，进行室内氧化实验研究，评估注空气低温氧化工艺的技术可行性。② 生产过程中应进行气体监测分析，检测产出气的组分至少应包括氧气、甲烷和二氧化碳。从理论计算和室内爆炸实验数据，天然气的安全氧含量值都在10%～12%，目前国外有些公司将氧气含量的安全标准设为5%，当测得氧气含量接近此值时，应及时采取措施，停注、关井，必要时压井。可提高安全标准等级，将氧含量安全标准设定为3%。③ 通过对油井产气量和成分的监测分析，进一步研究油藏内的氧化反应状态和气体流动途径，改进工艺，优化注采井的配置和注气量，提高低温氧化效率和原油采收率。④ 采油井套压控制在6MPa以内，超过6MPa，则从油套环空挤入泡沫液或其他封堵剂进行压井、封堵。⑤ 气体突破后，监测含氧量超过3%时，采油井关井、注气井停注；关井一段时间，连续监测产出气中氧含量，当氧浓度小于3%时，油井恢复生产，注入井恢复注空气或注空气泡沫。

（2）采油井管柱设计要求。

Bufflo油田注空气开发，生产井历史一般分为三阶段：泵抽、气体干扰、自喷，因此导致生产井出现以下问题：$CO_2$腐蚀致使套损、气体干扰、乳化液。① 当气油比为3000～8000ft³/bbl时出现气体干扰，尝试使用了几种减小气体干扰的气锚，因效果不好没有继续使用。最佳解决办法是把泵下在射孔孔眼以下至少15ft处，使环形空间压力保持最低。② 通过挤注化学剂对环形空间定期进行化学处理以便减轻$CO_2$腐蚀，在气体干扰期间减少了因为腐蚀造成的油管和抽油杆损坏。最后通过用塑料涂层油管代替钢油管彻底消除了油管腐蚀。③ 气体干扰和自喷阶段发生的乳化液问题，通过在井口分离大部分气体、在井口增加破乳剂量和增大气体分离器容量，减小了乳化液问题。

因此，采油井的设计要求有以下几点：① 空气从油井突破后，油井视同为采气井，需要按采气井设计；同时密切关注其他油井的变化（考虑裂缝方位是主要窜气方向）。② 采油井产出气分析：采用在线实时监测、便携式监测仪实时监测与定期取气样做气相色谱分析相结合的方法。③ 当产出气在监测中发现氧含量超过3%，启动安全预警措施，将套管气接到井场外，架高放空；如氧含量超过5%，油井关井，注气井停注。关井一段时间，连续监测产出气中氧含量；当氧浓度小于 5% 时，油井恢复生产；当氧浓度小于 3% 时，注入井恢复注空气。④ 油井使用的耐压胶皮阀门和防喷盒，发生刺漏时采取的措施为：生产过程中密切关注油管压力和套管压力变化情况，当发现胶皮阀门和防喷盒有刺漏现象时，连接压井管线，及时对该井压井更换胶皮阀门或防喷盒。⑤ 如果发生采油井套管外窜，需采取以下措施：根据测井资料在套管相应位置射孔进行二次水泥固井，观察固井效果；如果进行二次固井仍没有效果，对该井进行水泥封井，停井。⑥ 采油井安装套管压力控制阀，套管压力控制在 2MPa 以下。⑦ 举升管柱：一般要求下入抽油机井生产管柱，但深井泵下部要加装气锚。必要时换成防气泵以应对不同生产阶段举升要求。同时还应该考虑 $CO_2$ 和残氧腐蚀。

国内油田注空气 / 空气泡沫调驱现场试验，从油藏温度、施工过程、注入方式和注气速度上分析，都没有达到"轻油燃烧"程度，而是属于原油加氧反应达到除氧的目的。因此，对于空气泡沫驱举升管柱应该考虑深井泵下部加装气锚，虽然无高温乳化现象，但是也会有轻度的泡沫乳化现象。

### 2. 地面流程风险及防控要求

#### 1）合理建站设计要求

国外初期注气（美国低渗透空气驱）大部分采用了单井单站模式，由于压缩机额定排量高于设计注气速度，对过量空气采用部分放空的方式，极大地造成了浪费；国内小规模试验也一般是单井单站或多井单站，大部分电驱动压缩机配备了专用的变频器来调节压缩机排量。国外规模注空气开发以后（美国低渗透注空气，罗马尼亚稠油火烧油层）均采用建立大型注气站来达到节能和方便管理的目的，用干线和井口监视、控制和数据采集系统设计配气系统以便监测流量、压力和温度。

国外井口一翼注气，一翼备注水防止返流，但气液交换时需要倒换井口阀门，容易造成注入井筒内的液体返流进入压缩机，对压缩机造成致命损害；也有可能造成气体返流进入注液泵降低泵效事故发生；国内注气管线和备注泡沫管线通过多级单流阀汇合后注入，简化了倒换阀门操作，注气井井口和井筒安装气体单向控制阀，可以防止压缩机停注时，油层烃类流体回流井筒造成安全事故。中原油田在胡 12 块使用的高压空气单向多级单流阀保证了三年间歇式的空气泡沫的安全平稳注入。同时，对于地面管线，国内外均采取地面管线埋地冰点深度以下（1.8～2.4m），防止低温造成管线强度变弱；地面管线留有放空阀门，定期地面排气 30min，排除冷凝水润滑油和铁锈造成的阻力。注空气工艺中涉及的其他辅助设备较多，其安全可靠性也至关重要，如注空气控制制动器、流量计、级间冷却器、涤气器、采出气分离器、远程终端控制系统以及气体监测系统等设备，在工程实施中应严格按照操作规程使用，在生产中更要加强设备的检修和维护工作。

2）产出气处理及地面集输

由于注空气开发产出气中含量不同时期表现为不同的组分，同时，存在裂缝或者大孔道条件下还有可能产生氧气含量超标的现象，比如 Buffalo 油田高压注空气项目：在注空气 28 年期间，仅 2 口生产井因注气井附近断层和裂缝造成气窜，氧含量达到 8%，其余井无氧；Coral Creek 油田注水中后期高压注空气项目：高压注空气 15 年，除一口井外其他井没有探测到游离氧气；百色油田注空气 / 空气泡沫现场：10 多年间断注入施工，监测到的氧含量最高值为 2.6%。这就给产出气处理地面集输带来了麻烦；国内注空气 / 空气泡沫项目：大部分采用直接放空的方式；MPHU 油田注空气项目：1986 年 3 月开始注空气，产出油集中到常规的油罐区进行分离和处理。1991 年 5 月开始回收采出气中的丙烷和其他较重凝析液，残气燃烧。截至 1993 年 12 月，已回收了约 $2.17 \times 10^4$t 凝析液；W.Hackberry 油田[8]注空气项目：开始直接进系统，当产出气中的氮气污染严重的时候，伴生气引燃。

因此，根据产出气组分含量的不同，可以利用不同的方案来处理产出气，井口附近建一小型分离装置，采取比较严格的产出气监测措施。注气突破后，为了避免产出气放空对环境的影响，应当考虑产出气的处理和利用；这就需要把空气驱试验有关的生产井从油区整个集输系统拆分出来；据此安排合理的产出气处理措施，比如放空、井场燃气轮机发电、回注用于非混相气驱采油。（1）放空：适用于天然气含量较低时，可以在保持原来区块油气集输系统不变的前提下，增加套管放空管线，压力超过 2MPa，套管气放空；这样可以减少地面改建的投资，减少人工值守的工作量。（2）井场燃气轮机发电：适用于天然气含量比较高 $N_2$ 含量低的情况，一般氮气含量少于 40%，也可以为其他集输、井场生活供热。（3）产出气回注：根据国外现场使用经验，氮气纯度在 90% 以上即可脱水后直接加压回注用于提高原油采收率。可以将产出井的产出气集输到联合站，加压后再运输到各注入井。将含氮量高的产出气回注地层技术不仅能满足油田开发的需求，还可以解决产出气的处理问题，保护大气环境。当氮气纯度大于 40%、小于 90% 时，可以适当提纯天然气后，剩余气体回注。但产出气中氧含量超标时，严禁燃烧供热，建议直接放空。

3）空气压缩机防护措施

注空气采油过程中空气压缩机存在的风险最多，发生事故的概率也最大，这主要是因为注空气压缩机结构复杂、零部件多、运行速度快、内部摩擦多，且长期连续工作在高温、高压、强气流冲击、振动等恶劣工况条件下，使得压缩机故障频繁发生。空气压缩机的故障风险主要包括：由于润滑剂使用不当引起的空气压缩机爆炸、排气压力不足、排气量波动、机械故障等。这里主要研究空气压缩机的爆炸风险，比如 Mehsana 压缩机爆炸。因此，压缩机风险应该考虑以下几个因素。

（1）合理的压缩机选型。

注空气开发成功与否的关键就在压缩机，而压缩机最主要的选取标准是：安全性、可靠性、经济性。在选择空压机的规格、型号、数量时，必须根据开发区层的地质特征（包括埋藏深度、油层岩性物性、油层厚度、油层压力、温度及原油物性等），开发年限以及最大注气量等因素来合理选择。除了考虑压缩机主要性能参数（排量、压力）外，还应该考虑压缩机的其他性能参数，比如使用环境（风沙、潮湿、海拔、温度），对环境影响（呼吸阀排放油雾、噪声），安全性（润滑油），动力系统（条件允许最好采用电力驱动），维护（国产故障率高、维修及时，进口故障率低、维修周期长），价格（国产价格低，进口价格高），是否减氧以及减氧方式等。

（2）空气压缩机的防护措施。

空气压缩机的故障风险主要包括：空气压缩机的爆炸、排气压力不足、排气量波动、机械故障、噪声影响等。

① 防止积炭产生。积炭是导致空压机爆炸的三因素之一，保证空压机的清洁，防止积炭产生或沉积就可以从根本上消除空压机爆炸的隐患。防止积炭产生的措施主要有以下几方面：改善机房周围的环境，保持空气干净清洁，防止过多杂质进入空压机系统；为了控制积炭的生成速度，应选用基础油好、残炭值小、适宜的黏度、良好的抗氧化安定性（康式残炭值<3%）、燃点高的润滑油。根据油田现场经验一般选用高温合成双脂润滑剂，并建立完善的空压机专用润滑油采购、检验、验收管理制度；确定合适的供油量。气缸供油量不能太大，最大不超过 $50g/m^3$，以防止油气量增大和结焦积炭增多。若润滑油供给过多，则易形成积炭。严格控制排气温度，设计的压缩机有足够的级数及级间冷却，控制排气温度在150℃以下，可防止积炭的生成；建立以检查和清除积炭为主的小修周期。

② 加强操作管理。据有关资料统计显示，空气压缩机因设计不合理、制造缺陷而发生的事故占35%，目前压缩机设计和制造日趋成熟；因检修不良、维护不周和违章操作等管理方面的事故占51%，压缩机日常操作、管理和维护非常重要。因此加强管理，严格工艺纪律，加强职工责任心。定期巡检，及时调整，制订严格的操作规程及检查制度，要求操作人员能够对一般空压机故障进行判定和处理，及时调整风压，避免空负荷运转；定时进行排污、清垢等操作。

③ 其他要求。除了防止积碳产生爆炸风险之外，还应该综合考虑，空气压缩机安装地点要求、方便操作、修理和运输通道要求、冷却系统注意事项及要求、气路系统安装要求、噪声要求、废液（气）排放等要求对压缩机性能及安全风险的影响。

### 3. 管理与调控

1）科学管理

空气驱试验是涉及油田多个单位和协作方综合工程，为协调各单位工作，建议油田成立领导小组，有专门指定领导负责协调，统一管理现场施工；建立所有实施方案要求监测资料统一平台管理，所有涉及该项目人员共享，保证资料的准确性和及时性。除此之外，在合理岗位及人员配置的基础上，建立科学合理的安全生产制度、监测要求和规范、单井与井组的注、采调控标准以及完整的的评价体系。要求试验必须有计划、有步骤、有组织，确保安全实施。

同时，工程设计人员对现场管路系统的设计、管线材料的选择、加工制造的技术水平、强度设计和线路布置都影响着管线的运行安全。对注气管线来说，要承受高温高压的影响，对管线的设计制造要求比较高。同时对于相应的电气设备和机械设备要慎重选择合理配置，对于井网和管线布置要谨慎考虑，既要充分利用现有的水井、油井和管线，又要符合注空气操作规程和安全控制技术的要求。

现场操作表明：正是操作上的失误使得事故频繁发生，如阀门的开启失误、管线连接错误等，操作失误主要是由人的不安全行为引起的，包括施工误操作、运行误操作、维修误操作和管理失误等多方面的原因。空气驱采油技术作为一项高新技术，必须制订严格的安全操作规程，加强人员培训，提高操作人员的技能，同时要加强设备检修维护，要建立、健全各项管理制度并认真实施，确保各项操作严格按操作规程进行。

2）资料录取要求

及时准确的资料录取是方案调控的依据，也是建立科学、完整评价体系的重要依据，同时是完善注空气提高采收率数值模拟方法的必备资料。

（1）取全取准正常生产状态下试验前、试验期间、试验后的单井生产动态资料数据；（2）准确及时录取注入井空气泡沫调驱（空气驱）前、后正常状态下的吸水剖面资料、压降曲线资料、注水指示曲线资料等；（3）试验井组空气泡沫调驱（空气驱）前、后进行注示踪剂检测，分析注入井试验前、后各方向水线推进速度，监测空气泡沫封堵大孔道效果及试验区含油饱和度变化情况；（4）试验前采油井测产液剖面，试验期间对应油井见效，要及时测产液剖面；（5）若单井产量发生变化，则加大产液量、油量、水量、综合含水、动液面、油气比等资料的录取密度，并根据产液量变化情况，适时调整油井工作参数；（6）监测试验全过程和井组内全部油井的产出气组分变化情况，一经发现氧气组分含量超过设定指标立即采取相应的措施；（7）监测试验全过程全部油井空气泡沫驱（空气驱）前后的原油组分变化。

3）实时调控

由于油层层间和平面的非均质性，天然微裂缝和水力压裂裂缝的影响以及重力分异等因素共同作用，最终都面临空气突破。控制空气过早突破是试验成败的关键。扩大波及体积前提是在掌握空气前沿方向而采取必要的防止突破的方法。

（1）在注空气/泡沫试验前。

进行注气试验前，进行油藏工程研究，搞清注采井之间连通关系和连通程度，以便在注空气/泡沫前对地层主要窜流方向进行预测，为空气、泡沫驱试验防过早突破和扩大波及体积做好基础工作。

（2）在注空气/泡沫驱验过程中。

准确计量油、水、气的产量动态，特别是产出气中氧、氮和二氧化碳组分的监测，并定期对产出的流体取样分析化验，以便对空气何时突破以及突破后原油组成有何变化做出准确的分析和判断。加强注入剖面和产出剖面监测，了解气窜和指进方向。

密切观察注气压力的变化，一般来说，注气压力是随着注气量的增加有逐渐升高的趋势；如果发现注气压力下降较大，则有可能发生气窜。

发现采油井有突破迹象，应立即加注空气泡沫调整段塞，泡沫在高渗透、气窜孔道产生较大的流动阻力，形成有效的封堵作用，从而提高空气驱波及系数，阻止气窜。

（3）发现采油井空气突破后，按产出气氧含量控制标准执行。

## 第二节　腐蚀机理及防腐技术

在注空气过程中由于气体含有氧气和二氧化碳，易产生地面管线、设备和井下油套管的腐蚀。空气由注气井注入后，由于氧的分压较高，在潮湿高温的环境中，加速了氧的去极化反应，对注入井管壁造成了严重的腐蚀。若采用空气泡沫驱注入方式，由于水的存在加速了氧气腐蚀的速度。空气注入油藏后，氧气和原油发生低温氧化反应，氧气被消耗，生成大量的 $CO_2$，$CO_2$ 在水中有很高的溶解度，与水生成碳酸，碳酸电离出的氢离子有很强的去极化作用，且疏松的腐蚀产物 $FeCO_3$ 会造成管壁凹凸不平，造成生产井管柱严重的局部腐蚀。腐蚀不但会产生巨大的经济损失还会发生严重的生产事故，是限制空气泡沫驱应用推广的主要因素之一。

### 一、空气腐蚀机理及评价方法

油藏实施注空气驱油过程中，由于空气中的氧、水以及高温、高压等工况条件，使得井下管柱腐蚀严重，氧的存在是空气驱腐蚀的核心问题。

#### 1. 氧腐蚀机理

氧从空气中进入溶液并迁移到阴极表面发生还原反应，这一过程包括以下骤：

（1）氧穿过空气/溶液界面进入溶液；

（2）在溶液对流作用下，氧迁移到阴极表面附近；

（3）在扩散层范围内，氧在浓度梯度作用下扩散到阴极表面；

（4）在阴极表面氧分子发生还原反应，也叫氧的离子化反应。

氧通过静止层的扩散进入到溶液中，静止层又称扩散层，其厚度为 0.1～0.5mm，虽然扩散层的厚度不大，但氧只能以扩散为传质方式通过它，所以，只有在加强搅拌或流动的腐蚀介质中，氧气供应充分，腐蚀才能延续。氧腐蚀的电化学反应如下：

阳极反应

$$Fe \longrightarrow Fe^{2+} + 2e^- \qquad (5-9)$$

阴极反应

$$O_2 + 4H^+ + 4e^- \longrightarrow 2H_2O \qquad (5-10)$$

$$O_2 + H_2O + 4e^- \longrightarrow 4OH^- \qquad (5-11)$$

$O_2$ 的引入对腐蚀起加速作用，即使在浓度非常低（<1mg/L）的情况下，它也能导致严重的腐蚀。氧对腐蚀的影响主要是基于以下几个因素：

（1）氧起到了去极化剂的作用。它的去极化还原电极电位高于氢离子去极化的还原电极电位，因而它比氢离子更易发生去极化反应。

（2）如果在 pH 值大于 4 的情况下，亚铁离子（$Fe^{2+}$）能与氧直接反应生成铁离子（$Fe^{3+}$），那么铁离子与由 $O_2$ 去极化生成的 $OH^-$ 反应生成 Fe（OH）$_3$ 沉淀或 $Fe^{3+}$ 水解生成 Fe（OH）$_3$ 沉淀。若亚铁离子（$Fe^{2+}$）迅速氧化成铁离子（$Fe^{3+}$）的速度超过铁离子的消耗速度，腐蚀过程就会加速进行。Fe（OH）$_3$ 会脱水生成 $Fe_2O_3$ 或 FeO（OH）。由于生成 Fe（OH）$_3$ 沉淀的水解反应，溶液中 $H^+$ 的浓度增加，pH 值下降。因此，氢氧化铁 Fe（OH）$_3$ 沉淀的生成可能会在金属表面引发严重的局部腐蚀。以上反应方程式如下：

$$Fe^{2+} \longrightarrow Fe^{3+} + e^- \qquad (5-12)$$

$$Fe^{3+} + 3H_2O \longrightarrow Fe（OH）_3 + 3H^+ \qquad (5-13)$$

$$4Fe（OH）_2 + O_2 + 2H_2O \longrightarrow 4Fe（OH）_3 \qquad (5-14)$$

$$2Fe（OH）_3 \longrightarrow Fe_2O_3 + 3H_2O \qquad (5-15)$$

$$Fe（OH）_3 \longrightarrow FeO（OH）+ H_2O \qquad (5-16)$$

（3）$O_2$ 易引发点蚀。例如，对 Cr 钢的孔蚀倾向影响很大。腐蚀的本质是在特定条件下的电化学反应，减氧空气驱中的腐蚀也不例外，因此，电化学技术是揭示空气泡沫驱腐蚀机理的必然选择。然而，高压下的电化学测试不仅成本极高，而且还存在一系列的安全风险。因此，电化学测试往往在常压或低压下进行。本节采用电化学技术，研究了 N80 钢在不同温度和氧含量下的腐蚀电化学行为，揭示了 N80 钢的腐蚀机理及规律，为空气泡沫驱的腐蚀防控提供基础理论支持。

### 2. 腐蚀行为通用评价方法

目前，国内外常用油气田腐蚀研究方法包括：失重法、电化学方法（线性极化法、极化曲线法、电化学阻抗谱法）、表面分析法。其中失重法能用于各种腐蚀环境，例如高温高压环境。由于高温高压环境下电化学实验成本极高，因此，电化学法通常只用于常压或低压环境。表面分析法一般是对腐蚀后的样品表面的形貌、成分进行检测，着重用于腐蚀机理研究。

1）失重法

金属腐蚀程度的大小可用腐蚀前后试样质量的变化来评定。由于在生活和贸易中，人们习惯把质量称为重量，因此根据质量变化评定腐蚀速率的方法习惯上仍称为"失重法"。

这种方法适用于计算均匀腐蚀速率，但无法用于局部腐蚀速率的计算。失重法可以结合腐蚀产物形貌和成分分析，明确腐蚀规律和机理。封隔器以下的地层环境属于高温、高压、高盐环境，失重法是研究这种环境中的氧腐蚀行为的可靠选择。失重法既可以用于现场腐蚀监测，也可以用于室内腐蚀实验。现场腐蚀监测是将试样置于现场腐蚀环境内，比如，井下管道、集输管线等，一段时间后取出，测定腐蚀前后的质量差，从而计算腐蚀速率；室内腐蚀实验通常在玻璃容器或者高压釜中进行。

2）线性极化法

线性极化法是通过在腐蚀电位附近的微小极化测量金属腐蚀速度的方法。线性极化法一般只用于常压或低压环境，而封隔器以下的环境为高温、高压环境，线性极化测试的成本非常高，主要是由于高温高压环境中的参比电极成本高，一支密封性能上佳的参比电极约需要1万美元，且压力和温度越高，参比电极的使用寿命越短。

3）极化曲线法

极化电位与极化电流或极化电流密度之间的关系曲线称为极化曲线。当金属浸于腐蚀介质时，如果金属的平衡电极电位低于介质中去极化剂的平衡电极电位，则金属和介质构成一个腐蚀体系，称为共轭体系。此时，金属发生阳极溶解，去极化剂发生还原。极化曲线在金属腐蚀研究中有重要的意义。测量腐蚀体系的阴阳极极化曲线可以揭示腐蚀的控制因素及缓蚀剂的作用机理。在腐蚀电位附近及弱极化区的测量可以快速求得腐蚀速度。还可以通过极化曲线的测量获得阴极保护和阳极保护主要参数。与线性极化法一样，极化曲线测试通常在常压或低压下进行。

4）电化学阻抗谱法

电化学阻抗（EIS）是一种暂态电化学技术。在直流稳态的基础上，对所研究对象施加一小振幅的正弦波交流电压扰动信号，通过响应电流信号的检测和分析，来确定研究对象的系统特征，这就是电化学阻抗谱测量的基本原理。由于以小振幅的电信号对体系扰动，可避免对体系产生大的影响，并且扰动与体系的响应近似呈线性关系，这就使得对测量结果的数学处理变得简单。同时，它又是一种频率域的测量方法，测得的阻抗谱频率范围很宽，因而能比常规电化学方法得到更多的信息。近年来，随着电化学理论和电子技术的发展，EIS技术已被广泛应用于理解电极表面双电层结构，活化钝化膜转换，孔蚀的诱发、发展、终止以及活性物质的吸脱附过程。

阻抗谱图通常有两种表示形式：一种是奈奎斯特（Nyquist）图，另一种是波特（Bode）图。奈奎斯特图横坐标为阻抗的实部，纵坐标为虚部。波特图是以 $\lg f$（$f$ 为频率）为横坐标，以阻抗的模值和相位角为纵坐标会成的两条曲线。根据测得的阻抗谱图，建立能代表所研究电极的界面过程的动力学模型，即等效电路，通过对测得的阻抗谱图的解析确定物理模型中的参数，可定量地获得电极过程的动力学信息及电极界面结构的信息。

5）表面分析方法

为揭示腐蚀机理，通常采用表面分析方法对腐蚀产物微观形貌和成分进行检测分析。通常采用扫描电镜（SEM）测试腐蚀产物微观形貌、采用能谱仪（EDS）测试腐蚀产物元素组成、采用 X 射线衍射仪（XRD）和 X 射线光电子能谱仪（XPS）测定腐蚀产物的化学成分。

XRD 可以检测物质的晶体结构，通过对比所测的 XRD 图谱与 XRD 标准卡片，可以明确检测样品表面物质的组成。XPS 不但为化学研究提供分子结构和原子价态方面的信息，还能为电子材料研究提供各种化合物的元素组成和含量、化学状态、分子结构、化学键方面的信息。XPS 的原理是用 X 射线去辐射样品，使原子或分子的内层电子或价电子受激发射出来。被光子激发出来的电子称为光电子。可以测量光电子的能量，以光电子的动能 / 束缚能（结合能）为横坐标，相对强度（可代表含量的多少）为纵坐标可做出光电子能谱图，即可得到光电子能谱。

3. 工况条件下腐蚀评价方法

从中原油田现场空气泡沫驱的过程可以看出，注入井管柱腐蚀速度可达 0.7444mm/a，属于严重腐蚀，井下管柱腐蚀严重，生产被迫停止，造成了巨大的经济损失；胜利油田

图 5-4 胜利郑 408 注空气火驱管柱腐蚀

郑 408 块火烧驱油先导试验[5]采用干烧法，于 2003 年 9 月点燃，截至 2006 年 6 月，经过两年多的连续注压缩湿空气，2006 年 7 月作业时起出注气井管柱，发现油管腐蚀严重（油管材质为 N80），大量铁锈沉积堵塞在油套环空挡风环处（图 5-4）。该井 1320m 深，400m 以上腐蚀较轻，400～800m 腐蚀严重，在 1200m 处断裂；美国北达科他州注空气项目，由于注入井管线腐蚀引起的铁垢堵塞地层现象；大庆海塔空气驱现场（图 5-5），也发生了注入井严重的测试光缆腐蚀现象，造成铁垢堵塞油管。这是注空气提高采收率过程中经常遇到的问题。由此看来，腐蚀问题严重制约着注空气驱油技术的开展，因此有必要开展工况条件下的腐蚀评价。

图 5-5　海塔电缆铠甲腐蚀堵塞油管

本书的研究成果采用失重法，与常规失重法不同的是在工况条件高温高压条件下进行腐蚀实验，实验流程如图 5-6 所示。以套管钢（其中 N80 钢组分及含量见表 5-8）为研究对象，实验用水为大港油田地层水（地层水离子含量见表 5-9）。主要仪器：Hastelloy C276 高温高压釜，高温高压多相流动态循环流动腐蚀实验装置；Quanta200 扫描电子显微镜和能谱仪，荷兰 FEI 公司；XRD-6100X 射线衍射仪，日本岛津公司；VG Multilab 2000 X 射线光电子能谱仪，美国 Beckman 公司。

表 5-8　N80 钢的化学成分

| 成分 | C | Si | Mn | P | S | Cr | Mo | Ni | Nb | V | Cu |
|---|---|---|---|---|---|---|---|---|---|---|---|
| 含量 %（质量分数） | 0.24 | 0.22 | 0.119 | 0.013 | 0.004 | 0.036 | 0.021 | 0.028 | 0.006 | 0.017 | 0.019 |

表 5-9　地层水离子含量表

| 离子名称 | $K^+$ 和 $Na^+$ | $Mg^{2+}$ | $Ca^{2+}$ | $Cl^-$ | $SO_4^{2-}$ | $HCO_3^-$ | TDS |
|---|---|---|---|---|---|---|---|
| 浓度，mg/L | 8366 | 77 | 481 | 13632 | 30 | 807 | 23393 |

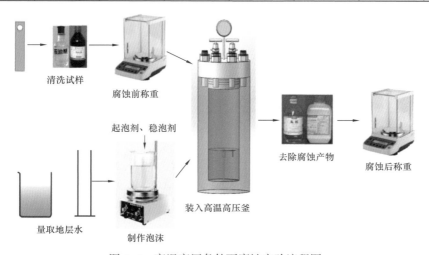

图 5-6　高温高压条件下腐蚀实验流程图

实验步骤：（1）实验前，采用 800 目的金相砂纸打磨 N80 钢标准挂片试样至光亮，再用无水乙醇清洗，冷风吹干，分析天平称重；（2）将溶液加入高压釜内，溶液体积与高压釜的容积之比约为 1∶3；（3）将挂有 N80 钢标准挂片的挂具在高压釜内固定好，按照氧浓度和总压要求，通入氮气和氧气；（4）加热保持搅拌速率为 500r/min，待温度稳定在所需温度时，开始计时，作为实验开始时间，实验周期为 120h；（5）达到腐蚀实验周期后，停止加热，打开排气阀泄压，开釜，排出模拟液，取出试片，并对试片照相。取出的腐蚀后试片分为两部分：一部分不去除表面腐蚀产物，用来进行腐蚀产物的形貌和成分分析，取出用蒸馏水小心冲洗后直接用冷风吹干，滤纸包好置入真空干燥器内备用；另一部分用作失重分析，将试片放入去膜液（盐酸＋六次亚甲基胺）中，用棉球擦除表面的腐蚀产物，清洗干净后分别用丙酮、无水乙醇擦拭，冷风吹干，分析天平称重。应用式（5–17）计算腐蚀速率：

$$v = 87600 \frac{\Delta m}{\rho A \Delta t} \tag{5–17}$$

式中　$v$——腐蚀速率，mm/a；

　　　$\Delta m$——损失的质量，g；

　　　$\rho$——材料的密度，g/cm$^3$；

　　　$A$——试样表面积，cm$^2$；

　　　$\Delta t$——腐蚀时间，h。

## 二、空气在工况条件下对管柱的腐蚀状况

### 1. 空气（氧含量21%）腐蚀程度定量分析

模拟大港油田减氧空气泡沫驱条件下，研究注空气驱油过程中生产井的腐蚀工况，进行失重法腐蚀分组实验，其中，20# 钢为地面管线材质，N80 和 P110 钢为油田用油套管标准材质。研究结果见表 5–10。

表 5–10　不同材质及不同温度和压力条件下腐蚀速率实验数据

| 序号 | 材质 | 温度，℃ | 压力，MPa | 模拟井深度，m | 工况介质 | 腐蚀速率，mm/a |
|---|---|---|---|---|---|---|
| 1 | 20# | 40 | 20.0 | — | 空气 | 0.0042 |
| 2 | 20# | 60 | 20.0 | — | 空气 | 0.0052 |
| 3 | 20# | 80 | 20.0 | — | 空气 | 0.0074 |
| 4 | 20# | 40 | 20.0 | — | 水＋空气 | 3.1200 |
| 5 | 20# | 60 | 20.0 | — | 水＋空气 | 4.1600 |
| 6 | 20# | 80 | 20.0 | — | 水＋空气 | 6.5700 |

续表

| 序号 | 材质 | 温度，℃ | 压力，MPa | 模拟井深度，m | 工况介质 | 腐蚀速率，mm/a |
|---|---|---|---|---|---|---|
| 7 | N80 | 35 | 21.4 | 500 | 水+空气 | 2.5400 |
| 8 | N80 | 65 | 23.3 | 1500 | 水+空气 | 3.8600 |
| 9 | N80 | 95 | 25.5 | 2500 | 水+空气 | 5.7800 |
| 10 | N80 | 95 | 25.5 | 2500 | 泡沫+空气 | 2.9600 |
| 11 | P110 | 35 | 21.4 | 500 | 水+空气 | 2.1700 |
| 12 | P110 | 65 | 23.3 | 1500 | 水+空气 | 3.3600 |
| 13 | P110 | 95 | 25.5 | 2500 | 水+空气 | 5.6900 |

实验表明在纯空气条件下，N80 和 P110 钢几乎无腐蚀，随着温度和压力的增大（或者井深度的增加），N80 和 P110 钢的腐蚀速率明显增大；在相同的温度和压力下，泡沫+空气对 N80 材质挂片的腐蚀远远小于水+空气；相同工况条件下，P110 钢的腐蚀程度小于 N80 钢。综合以上结果，含水、高温和高压是腐蚀发生的重要条件。

同样，模拟了减氧空气条件下的腐蚀情况，腐蚀材料为 N80 钢挂片。泡沫剂和缓蚀剂在溶液中同时存在（泡沫剂浓度为 0.2%、缓蚀剂浓度为 0.4%）条件下，分别以氧浓度 12%，5% 和 2.5% 进行实验，结果表明即使将空气氧含量降至安全值 12% 以下，两种缓蚀剂虽表现出较好的缓蚀效果，但不能从根本上解决腐蚀问题，没有达到行业标准指标要求。

**2. 减氧空气腐蚀程度定量分析**

不同氧含量条件下 N80 钢标准挂片的腐蚀速率见表 5–11。

（1）氧含量的影响：相同温度、压力条件下，随着氧含量降低，腐蚀速率也降低；温度为 120℃、压力为 40MPa 时，氧含量由 21% 降至 2%，腐蚀速率由 5.846mm/a 降至 1.343mm/a。氧含量降低，腐蚀环境中氧气总量降低，导致腐蚀的阴极反应速率降低，进而导致腐蚀速率显著降低；

（2）温度的影响：相同氧含量、压力条件下，随着温度降低，腐蚀速率降低；氧含量为 10%、压力为 40MPa 时，温度由 120℃降低至 70℃，腐蚀速率由 3.799mm/a 降至 2.685mm/a。这是由于温度降低，整个化学反应速率降低，造成腐蚀速率降低；

（3）压力的影响：相同氧含量、温度条件下，随着压力降低，腐蚀速率下降；氧含量为 10%、温度为 120℃时，随着压力由 50MPa 降低至 30MPa，腐蚀速率由 4.053mm/a 降至 3.490mm/a。压力降低，腐蚀环境中氧气总量降低，导致腐蚀阴极反应速率降低，进而导致腐蚀速率显著降低。

表5-11 不同氧含量条件下挂片腐蚀实验结果

| 氧含量 % | 温度 ℃ | 压力 MPa | 腐蚀速率，mm/a | | | |
|---|---|---|---|---|---|---|
| | | | 样品1 | 样品2 | 样品3 | 平均 |
| 21 | 120 | 50 | 5.523 | 5.978 | 6.036 | 5.846 |
| | 90 | 40 | 4.435 | 4.509 | 4.791 | 4.578 |
| 10 | 120 | 50 | 3.969 | 4.053 | 4.138 | 4.053 |
| | | 40 | 3.662 | 3.710 | 4.024 | 3.799 |
| | | 30 | 3.498 | 3.687 | 3.284 | 3.490 |
| | 90 | 40 | 3.099 | 3.186 | 3.185 | 3.156 |
| | | 30 | 2.984 | 2.801 | 2.781 | 2.855 |
| | | 20 | 2.307 | 2.510 | 2.346 | 2.388 |
| | 70 | 40 | 2.476 | 2.785 | 2.793 | 2.685 |
| | | 30 | 2.087 | 2.301 | 2.208 | 2.199 |
| | | 20 | 1.901 | 1.843 | 2.064 | 1.936 |
| 6 | 120 | 50 | 3.109 | 3.108 | 3.888 | 3.368 |
| | 90 | 40 | 2.513 | 2.708 | 2.511 | 2.578 |
| | 70 | 30 | 1.427 | 1.675 | 1.591 | 1.564 |
| 2 | 120 | 50 | 1.309 | 1.289 | 1.430 | 1.343 |
| | 90 | 40 | 0.890 | 1.125 | 1.219 | 1.078 |
| | 70 | 30 | 0.497 | 0.701 | 0.602 | 0.600 |

### 3. 腐蚀形貌及产物

本研究对不同条件下腐蚀后的挂片及去除腐蚀产物后的挂片拍摄了光学照片（图5-7），同时采用扫描电子显微镜对部分条件下形成的腐蚀产物的微观形貌进行了表征（图5-8）。

#### 1）腐蚀形貌

由图5-7可见，在高温高压高盐的油藏环境下，腐蚀产物呈红褐色，腐蚀特征主要为局部腐蚀；去除腐蚀产物后，N80钢标准挂片样品表面腐蚀区域的轮廓呈圆形，这是由于泡沫与水滴同时附着在样品表面，水滴与样品接触的部分腐蚀严重，而被泡沫覆盖的部分，腐蚀程度较轻，因此呈现出局部腐蚀特征。

图 5-8 为不同氧含量、温度和压力下 N80 钢样品表面形成的腐蚀产物的微观形貌。由图 5-8 可知，样品表面腐蚀产物凹凸不平，裂纹明显可见，这意味在这些条件下腐蚀产物膜的保护性能较差。随着氧含量、温度和压力的变化，腐蚀产物的微观形貌并未发生显著改变。

(a) 10%，120℃，50MPa除腐蚀产物前　　(b) 10%，90℃，40MPa除腐蚀产物前　　(c) 6%，120℃，50MPa除腐蚀产物前

  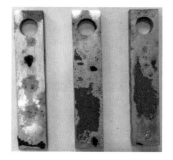

(d) 10%，120℃，50MPa除腐蚀产物后　　(e) 10%，90℃，40MPa除腐蚀产物后　　(f) 6%，120℃，50MPa除腐蚀产物后

图 5-7　N80 钢标准挂片在不同条件下腐蚀后的光学照片

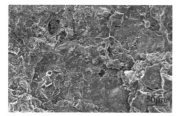 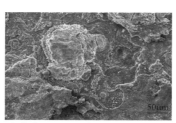 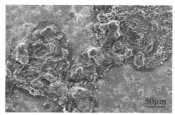

(a) 氧含量10%，温度120℃，压力50MPa　　(b) 氧含量10%，温度90℃，压力40MPa　　(c) 氧含量6%，温度120℃，压力50MPa

图 5-8　N80 钢标准挂片在不同条件下形成的腐蚀产物表面形貌

2）腐蚀产物

图 5-9 为 N80 钢标准挂片浸泡 120h 后腐蚀产物的 EDS 能谱。由图可知，腐蚀产物中含有 Fe，O，C，Cl 和 Na 等元素。Fe 元素来自腐蚀产物中铁的氧化物、氢氧化物或基体金属；O 元素应该是来自腐蚀产物，C 元素可能来自腐蚀产物，也有可能来自样品制备过程中的污染物，Cl 元素来源于地层水。元素的种类没有随着条件的改变而改变。

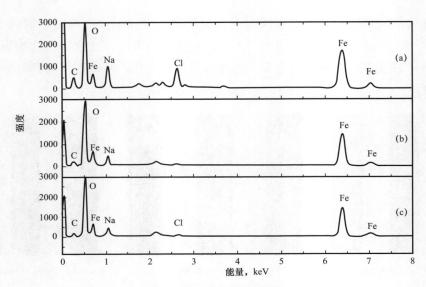

图 5-9　腐蚀产物的能谱图

（a）氧含量 10%、温度 120℃、压力 50MPa；（b）氧含量 10%、温度 90℃、压力 40MPa；（c）氧含量 6%、温度 120℃、压力 50MPa

图 5-10 为 N80 钢标准挂片浸泡 120h 后样品表面的 X 衍射图谱。由图 5-10 可知，图谱中出现了 $Fe_2O_3$，FeOOH，$Fe_3O_4$ 和 Fe 的衍射峰，表明腐蚀产物由 $Fe_2O_3$，FeOOH 和 $Fe_3O_4$ 组成，且腐蚀产物的成分不随温度、压力的改变而改变。这一研究结果与之前的研究结果一致。例如，Wu 等[6]发现在海洋大气环境下 E690 高强度钢表面的腐蚀产物主要为 $Fe_2O_3$，FeOOH 和 $Fe_3O_4$；Chen 等[7]研究了 J55 套管钢在 25℃、12MPa 的空气泡沫驱环境下的腐蚀行为，发现 J55 钢表面铁的氧化物为 $Fe_2O_3$，FeOOH 和 $Fe_3O_4$。

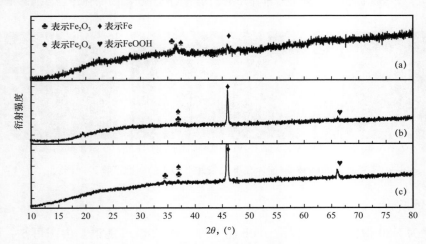

图 5-10　腐蚀产物 X 射线衍射图谱

（a）氧含量 10%、温度 120℃、压力 50MPa；（b）氧含量 10%、温度 90℃、压力 40MPa；（c）氧含量 6%、温度 120℃、压力 50MPa

### 三、注空气开发腐蚀防控方法

注空气过程中主要可能发生注入管线和注气井井下管柱发生氧化腐蚀；生产井的油管、套管和地面设备易发生二氧化碳和残氧腐蚀。目前通用的防腐措施有以下几种。

#### 1. 特殊材质（包括涂层、预膜等表面处理）

13Cr，316 和 11Cr18Ni9Ti 等不锈钢材质耐腐蚀性良好，可选用不锈钢油套管以防止氧腐蚀，但 11Cr18Ni9Ti 和 316 等不锈钢材质成本较高。

除此之外，也可以使用涂层防腐，涂层主要有金属涂层和非金属涂层两类，大多数金属涂层采用电镀或热镀的方法实现，非金属涂层大多是隔离性涂层，也可以进行管柱保护膜处理技术。氧化、钝化等表面处理，或加入缓蚀剂、润滑脂、油等形成表面保护膜的预膜技术（表 5–12）。

**表 5–12 预膜法腐蚀防控实验数据表**

| 编号 | 腐蚀环境 | 预膜剂浓度，mg/L | | 腐蚀速率，mm/a | 挂片腐蚀外观描述 |
|---|---|---|---|---|---|
| 实验一 | 常压 含氧量 21% | 未预膜 | 0 | 11.2 | 腐蚀严重，表面覆盖红色的铁锈 |
| | | 预膜剂 p–2 | 1500 | 0.008 | 表面未见明显腐蚀 |
| | | | 3000 | 0.005 | 表面未见明显腐蚀 |
| 实验二 | 高压 含氧量 6% 氧分压 2.4MPa | 未预膜 | 0 | 16.0 | 腐蚀严重，表面覆盖红色的铁锈 |
| | | 预膜剂 p–2 | 3000 | 0.01～0.05 | 仅有局部轻微腐蚀 |
| | | 复合预膜剂 | 4000 | 0.005～0.01 | 几乎无腐蚀 |

#### 2. 缓蚀剂

在减氧空气驱过程中，为了防止气窜，通常采用水气交替驱或增加一个泡沫段塞，从而增加了腐蚀的程度，为此，在这种条件下，推荐加入缓蚀防腐剂。一般需要将缓蚀剂注入高温井筒内，要求其在高温高压的环境中依然具有很好的缓蚀防腐作用，并且在高温下具有很好的分子稳定性、与泡沫具有很好的配伍性等。通过调研和分析现有的各种较为高效的缓蚀剂发现这些缓蚀剂大多是含有氨基、醛基、羧基、羟基、巯基的化合物，这些基团一般能与金属形成较好的化学吸附，缓蚀效果最好。结合目前常见的有机分子结构，推荐应用分子中含有多个磷酸基和氨基极性基团的缓蚀剂，氨基能在金属表面形成化学吸附，多个磷酸基既能在金属表面发生化学吸附，又能通过阳极产生的金属离子生成沉淀，形成稳定的配合物，并沉积在金属表面形成附着力良好的沉淀膜；非极性基团在金属表面覆盖，生成的致密疏水膜能抑制腐蚀粒子和氧气的迁移接触，从而起到很好的缓蚀效果。

模拟大港油田减氧空气泡沫现场空气驱的条件，腐蚀材料为 N80 挂片，泡沫剂和缓蚀剂在溶液中同时存在条件下，其中泡沫剂浓度为 0.2%、缓蚀剂浓度为 0.4%，分别在氧浓度为 10%，5% 和 2.5% 条件下进行实验，实验结果见表 5–13。

将空气氧含量降至安全值 10% 以下，进行两种缓蚀剂评价实验，两种缓蚀剂均表现出较好的缓蚀效果，虽然两种缓蚀剂的缓蚀效果不能从根本上解决腐蚀问题，没有达到行业标准指标要求，但在 10% 含氧量条件下，缓蚀剂作用贡献率高达 92.55%。

表 5–13　减氧对缓蚀剂缓蚀作用的影响

| 编号 | 氧含量，% | 腐蚀速率 mm/a | 缓蚀剂缓蚀作用贡献率 % | 减氧缓蚀作用贡献率 % | 评价结果是否达标 |
|---|---|---|---|---|---|
| 空白样 | 10 | 4.0366 | | | 否 |
| 缓蚀剂 1#（0.4%） | 10 | 1.9761 | 51.05 | | 否 |
| | 5 | 1.0257 | | 48.09 | 否 |
| | 2.5 | 0.3419 | | 82.70 | 否 |
| 缓蚀剂 2#（0.4%） | 10 | 0.3009 | 92.55 | | 否 |
| | 5 | 0.1094 | | 63.64 | 否 |
| | 2.5 | 0.0684 | | 77.27 | 达标 |
| 行业标准 | | 0.076 | | | |

### 3. 控制含水及氧气分压

实验结果（表 5–11）表明，纯空气不含水条件下不会造成管柱腐蚀；同时现场实践表明：油管钢材在经过脱水净化处理的干燥空气下的腐蚀速率大大小于未经脱水处理的腐蚀速率，因此注入空气需做脱水处理，严防注气井进水。现场除水可使用水露点要求高、运行比较稳定的固体干燥剂吸附法，也可以使用其他注入空气脱水处理方式。建议注空气/减氧空气驱时，地面加装高压吸附式干燥器。

使用减氧空气驱降低氧分压的开发方式可以有效地控制注入井的腐蚀，或者提高泡沫 pH 值至 8～10，从一定程度上减缓井下管柱的腐蚀。

### 4. 特殊管柱结构

在美国 Hackberry 油田空气驱现场，曾出现过腐蚀垢脱落堵塞地层的现象，随后，美国大多数注气井使用 140mm K55 和 N80 级套管，$\phi$73mm 涂料油管；用永久型封隔器隔离环空，并充填防腐剂，虽然大大降低了腐蚀速率，但还不能从根本上解决套管腐蚀的问题。1992 年以后钻的注气井用连续油管完井，进井空气除水，根本上消除了油管被腐蚀穿孔的可能。

对于空气泡沫驱开发方式的管柱设计可以考虑注干空气和注泡沫液管柱分开的模式（图 5–11），采用双连续油管并联或者同心双连续油管模式气液分注[9]，因在无水条件下高压氧腐蚀基本可以忽略。

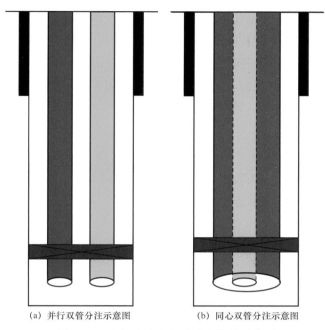

(a) 并行双管分注示意图    (b) 同心双管分注示意图

图 5-11  空气泡沫驱气液分注管柱示意图

对于实际注空气开发过程中，腐蚀防护其他措施有：（1）在注入井井口安装过滤器，防止氧化铁进入注气井，在井底形成堵塞，若发生腐蚀垢堵塞地层情况，可反吐20～30min，或者利用酸化措施解除井筒内的铁垢；（2）对于采油井定期从油套环空加缓蚀剂；（3）在油套管上设计牺牲阳极—阴极保护法防腐；（4）对于生产井和注气井可以通过挂片和电化学方法以及分析水样品中铁的含量等来检测腐蚀情况，对有明显腐蚀的油井进行防腐处理，防止事故的发生。

在实际空气驱或空气泡沫驱采油过程中，注气井和生产井井下以及地面设备等都处于复杂的腐蚀环境中，特别是井下，由于从井底到井口的温度、压力以及水的凝结情况等都随着井深发生变化，同时，地层水和注入水矿化度、pH 值变化，生产井 $CO_2$ 和 $O_2$ 浓度、分压等因素都会对腐蚀产生影响，仅靠单一防腐措施不能将腐蚀速率控制在行业标准（0.076mm/a）之内，必须同时采用多种防腐防护措施，互相促进，取得协同效应。

# 第三节  空气驱矿场试验

20 世纪 60 年代以来，世界上许多国家包括美国、法国、英国、印度尼西亚和俄罗斯等国家都开展过轻质油藏注空气技术研究，许多深层轻质油藏开展了注空气矿场试验，均取得了技术上和经济上的成功。现场注空气驱油配套技术逐渐完善，世界上大约有十几个中小油田在采用低渗油藏空气驱技术。国外有美国 W. Hackberry 油田、MPHU 油田、BRRU 油田、Madison 油田、W. Heidelberg 油田和 Horse Creek 油田，印度尼西亚的

Handil 油田以及俄罗斯的几个油田等。

轻质油藏低温氧化开采在我国虽然起步较晚，但由于空气来源广，成本低廉，近几年来受到广泛关注，几个油田还进行了小规模的现场试验，并取得了很好的效果。特别是把注空气和注空气泡沫相结合，更扩大了注空气开采技术的应用范围，几乎适用各种类型的轻质油藏。到目前为止，现场注空气没有发生过爆炸事故。

## 一、国外低渗透油田空气驱开发应用实例

第一个油田空气驱现场试验于 1963 年在内布拉斯加州 Sloss 油田实施。油田采用美国阿莫科公司正向燃烧与注水相结合的技术用于薄深层水淹稀油油藏三次采油，该水淹油藏，油层深 1900m，油层厚 3.4m，原油 API 重度为 38.8°API，现场试验生产 $1.3 \times 10^4 m^3$ 原油，相当于五点法注采井网水驱后，提高采收率 43%。到 1967 年，该试验区从 $3.2km^2$ 扩大到 $39km^2$，累计增产原油 $8.4 \times 10^4 m^3$。由于当时原油每桶低于 3 美元，在当时没有显著经济效益。

注空气技术第二个应用是 1971 年用于美国密西西比州 West Heidelberg 油田 3500m 处 Cotton Valley 砂岩油藏，采用维持油藏压力的二次采油方式，是一例成功的注空气项目。虽然在实施的早期，原油每桶低于 4 美元，但两年半后就偿还了项目全部投资。由 Kumar 做的数值模拟结果表明：在早期原油生产主要是通过注气维持油藏压力得到的，但累计产油一半以上是由于热效应产生的。1993 年，有关注空气项目现场应用和室内研究的报道开始增加，注空气技术里程碑式的应用是美国 Williston 盆地南达科他州和北达科他州的成功的二次高压注空气项目。项目于 1979 年开始，到目前来看仍是一项经济、技术成功的 EOR 项目，直到 1994 年，美国 Williston 盆地南、北达科他州 4 个工程的商业化实施在美国俄克拉何马州塔尔萨举办的"火烧油层方法论坛"上公开发表，注空气才作为一种提高采收率方法被普遍接受。

总之，20 世纪 60 年代以来，国外（主要在美国）针对注空气提高轻质油油藏采收率做了大量的研究工作，曾被列入美国能源部特别资助的提高采收率项目，先后对埋深 1890～3444m、原油相对密度为 0.830～0.8927 的油藏开展了注空气采油现场试验，获得了较好的技术经济效果。从 1967 年开始，Amoco 公司、Gulf 公司和 Chevron 公司在美国先后对埋深 1890～3444m、原油相对密度为 0.830～0.8927 的油藏开展了注空气三次采油现场试验，增油效果明显。1985 年至今，美国先后在 Williston 盆地 MPUH，HC 和 CC 等低渗透油藏进行先导试验，获得了较好的经济技术效果。

最近几年，俄罗斯、英国、挪威、印度、阿根廷和日本等也相继开展了注空气技术的相关研究工作[10-18]。表 5-14 列出了 Buffalo，MPHU，Horse Creek 和 Coral Creek 等国外四个低渗透油藏空气驱项目，以及 Sloss，W.Hackberry，West Heidelberg 和 Barrancas 等国外四个中高渗透油藏空气驱项目的基本开发数据。在实施空气驱采油的油藏中，所有的油藏温度均高于 85℃，所有油藏的地层原油黏度均低于 6mPa·s，油层厚度为

3～21m，压力比较高可以形成混相或者近混相。根据综合分析国外空气驱项目及各自的开发数据可以看出，通过空气驱可以提高 14%～16% 的采收率。

据 2006 年统计结果，美国注空气低温氧化采油项目有 12 个，年产油 $68 \times 10^4$t。美国 2007 年注空气／氮气项目 16 个，年产油 $208 \times 10^4$t。

表 5-14　国外典型空气驱试验项目统计

| 油田名称 | Buffalo | MPHU | Horse Creek | Coral Creek | Sloss | W.Hackberry | Barrancas | West Heidelberg |
|---|---|---|---|---|---|---|---|---|
| 主产层 | 红河 B | 红河 B、红河 C | 红河 D | 红河 B | | Camerina | | 沙 4、沙 5 |
| 油藏类型 | 碳酸盐岩 | 碳酸盐岩 | 碳酸盐岩 | 碳酸盐岩 | 砂岩 | 砂岩 | 砂岩 | 砂岩 |
| 面积，$10^4$m² | 3110.4 | 3888 | 1548.72 | | 388.5 | 119.07 | | 142.4 |
| 主产层顶部深度 m | 2575.6 | 2895.6 | 2781.3 | 2651～2743 | 1889.7 | 2621.3 | 2300 | 3444.2 |
| 净产层平均厚度 m | 3 | 5.5 | 6.1 | | 4.3 | 21 | 10 | 18.9 |
| 平均孔隙度，% | 20 | 17 | 16 | 9～22 | 19.3 | 26 | 17 | 14 |
| 空气渗透率 mD | 10 | 5 | 10～20 | 2～8 | 191 | 1000 | 60 | 85 |
| 初始含油饱和度 % | 55 | 57 | 65 | | 30±10 | 79 | 47 | 85 |
| 油藏温度，℃ | 102 | 110 | 104 | 97 | 93.3 | 94 | 85 | 105 |
| 油藏原始压力 MPa | 24.8 | 28.4 | 27.6 | | 15.7 | 29.1 | | 35.2 |
| 原始地质储量 $10^6$t | 5 | 5.4 | 6.2 | | | 3.3 | | 2.5 |
| 原油地面相对密度 | 0.876 | 0.830 | 0.865 | 0.852 | 0.831 | 0.860 | 0.871 | 0.920 |
| 泡点压力，MPa | 2.1 | 15.5 | 4.3 | 9.4 | | 29.1 | | 6.4 |
| 溶解气油比 m³/m³ | 21.4 | 93.4 | 36.5 | | | 21.5 | | 19.2 |
| 地层体积系数 | 1.16 | 1.4 | 1.205 | 1.206 | 1.05 | 1.35 | | 1.1397 |
| 地层原油黏度 mPa·s | 0.5 | 0.5 | 1.4 | 1 | 0.8 | 0.9 | 4.6 | 6 |
| 一次采收率，% | 5.95 | 15 | 9.92 | 2.83 | | 40～50 | | 6.1 |
| 二次采收率，% | 15.67 | 14.25 | 16.62 | | | 30～40 | | 16.1 |
| 总采收率，% | 21.62 | 29.25 | 26.53 | | | | | 22.2 |

### 1. 美国 Buffalo 油田空气驱开发

该油田位于 Williston 盆地位于南达科他州西北角。区域构造倾斜为北—东方向，约 1.5°。该油田于 1954 年发现并逐步投入开发，

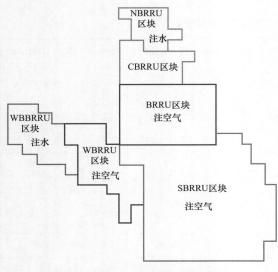

图 5–12 Buffalo 油田开发现状图

一次采油机理为液体和岩石膨胀，无水驱或溶解气驱。估计一次采收率为 6%，由于压力递减快、采油速度低，1970 年开始注空气试验。

该油田 1977 年在 BRRU 区块进行了注空气先导试验，1980 年在 SBRRU 区块注空气进行了推广，效果较好。1987 年，在 SBRRU 区块西部一个一分为二的区块（WBBRRU 区块和 WBRRU 区块）进行了注空气和注水技术的对比，前者进行注空气开发，后者进行注水开发（图 5–12）。经过对两个项目 18 年的生产动态跟踪，进行了效果对比。Buffalo 油田两个区块的基本油藏地质特征参数见表 5–15。

表 5–15  Buffalo 油田油藏地质特征参数

| 参数 | WBRRU 区块<br>（空气驱） | WBBRRU 区块<br>（水驱） |
|---|---|---|
| 顶部深度，m | 2558 | 2545 |
| 原油地质储量，$10^4 m^3$ | 397 | 284 |
| 油层有效厚度，m | 13 | 15 |
| 平均孔隙度，% | 18 | 18 |
| 平均空气渗透率，mD | 10 | 10 |
| 油藏温度，°F | 215 | 210 |
| 初始油藏压力，psi | 3600 | 3579 |
| 原油 API 重度，°API | 32 | 32 |
| 原油黏度，mPa·s | 2.4 | 2.4 |
| 溶解油气比，$ft^3/bbl$ | 173 | 173 |

两个区块单元截至 2005 年的注气和注水开发效果见表 5-16 以及图 5-13 和图 5-14。

表 5-16 WBRRU 区块注空气单元和 WBBRRU 区块注水单元开发效果对比表

| 参数 | WBRRU 区块 | WBBRRU 区块 |
|---|---|---|
| 作业面积，$km^2$ | 18.7 | 13.6 |
| 单井控制面积，$km^2$ | 0.85 | 0.85 |
| 最大产油速度，$m^3/d$ | 79.2 | 63.9 |
| 产油高峰日期 | 1990 年 1 月 | 1995 年 1 月 |
| 产油高峰期的生产井数，口 | 16 | 8 |
| 产油高峰时单井采油速度，$m^3/d$ | 4.93 | 7.95 |
| 目前产油速度，$m^3/d$ | 68.7 | 28.5 |
| 目前生产井数，口 | 10 | 7 |
| 单井平均采油速度，$m^3/d$ | 6.84 | 4.13 |
| 目前注入速度，$m^3/d$ | 65000 | 183 |
| 目前注入井数，口 | 5 | 7 |
| 单井平均注入速度，$m^3/d$ | 13000 | 26.1 |
| 累计产油，$10^4 m^3$ | 59 | 29.2 |
| 累计增油，$10^4 m^3$ | 29.2 | 16.2 |
| 采收率，% OOIP | 12.8 | 8.8 |

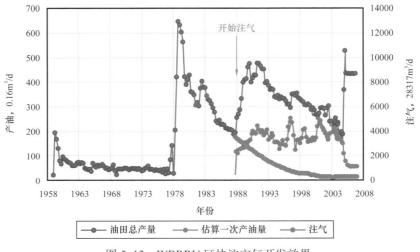

图 5-13 WBRRU 区块注空气开发效果

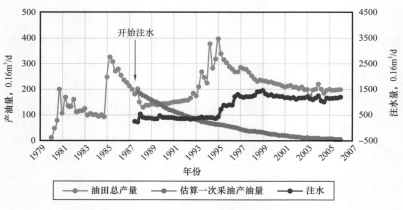

图 5-14　WBBRRU 区块注水开发效果

可以看出，截至 2005 年 WBRRU 区块注空气单元累计产油 $59 \times 10^4 m^3$，采收率 12.8%，WBBRRU 区块注水单元累计产油 $29.2 \times 10^4 m^3$，采收率 8.8%。

两个项目效果对比：

（1）与 WBBRRU 区块的水驱项目相比，就增油量、较快见效和较高采油量而论，WBRRU 区块的注空气项目在技术上是较成功的。

（2）到 2005 年 12 月 31 日，WBRRU 区块的累计增油量为 $29.2 \times 10^4 m^3$，累计注入空气 $6.3027 \times 10^8 m^3$。每桶增油量的平均注空气量约为 $340 m^3$。

（3）到 2005 年 12 月 31 日，WBBRRU 区块的累计增油量为 $16.3 \times 10^4 m^3$，累计注水量为 $84.8 \times 10^4 m^3$。每桶增油量的平均注水量约为 $0.8 m^3$。

（4）两个项目的估算最终采收率基本相同，但是注空气单元显示出了较快的开始动态。两种方法的选择主要取决于经济情况。

两个项目的经济评价表明（表 5-17 和表 5-18），当油价高于 25 美元 /bbl 时，注空气开发效益越明显好于注水开发。

表 5-17　注空气项目经济效益指标

| 价格，美元 /bbl | 25 | 30 | 40 | 50 |
|---|---|---|---|---|
| 资本投资，百万美元 | 7000 | 7000 | 7000 | 7000 |
| 税后净现金流，百万美元 | 12737 | 19971 | 34437 | 48903 |
| 净现值，百万美元 | 3975 | 7379 | 14186 | 20993 |
| 内部收益率，% | 26.7 | 40.4 | 68.8 | 99.3 |
| 投资回收期，a | 4.7 | 3.6 | 2.4 | 1.9 |

表 5–18　注水项目经济效益指标

| 价格，美元 /bbl | 25 | 30 | 40 | 50 |
|---|---|---|---|---|
| 资本投资，百万美元 | 5249 | 5249 | 5249 | 5249 |
| 税后净现金流，百万美元 | 10049 | 14071 | 22113 | 30156 |
| 净现值，百万美元 | 2031 | 3524 | 6509 | 9493 |
| 内部收益率，% | 17.8 | 22.2 | 28.9 | 33.9 |
| 投资回收期，a | 8.7 | 7.5 | 6.4 | 5.9 |

## 2. 美国 MPHU 油田空气驱开发

MPHU 油田（Medicine Pole Hill Unit）位于北达科他州 Williston 盆地的西南侧，属于深层高温高压低渗透碳酸盐岩轻油油藏，与 Bufallo 油田 BRRU 单元油藏性质相近。油藏及流体的主要参数见表 5–19。

表 5–19　MPHU 油田油藏地质参数

| 参数 | 数值 | 参数 | 数值 |
|---|---|---|---|
| 主要产油层 | 红河 B、红河 C | 油藏温度，℃ | 110 |
| 原油 API 重度，°API | 39 | 油藏压力，MPa | 28 |
| 作业区面积，km² | 39 | 原始地质储量，$10^4m^3$ | 636 |
| 油藏顶部深度，m | 2896 | 原油密度，g/cm³ | 0.8291 |
| 油层厚度，m | 5.5 | 泡点压力，MPa | 15.5 |
| 原始含油饱和度，% | 57 | 溶解气油比，% | 93.5 |
| 渗透率，mD | 5 | 地层体积系数 | 1.4 |
| 孔隙度，% | 17 | 原油黏度，mPa·s | 0.48 |

MPHU 油田于 1965 年开始生产，共有 15 口生产井，一次采油产油高峰出现在 1976 年，达到 160m³/d（1000bbl/d），到 1985 年日产油量递减到 60t（375bbl）。该区地质储量 $6.4 \times 10^6$t，截至 1985 年累计产油 $0.66 \times 10^6$t（$4.1 \times 10^6$bbl），采收率 10%，预计最终产油 $9.6 \times 10^5$t（$6.0 \times 10^6$bbl），采收率 15%。

由于一次采收率低，曾考虑了几种提高采收率的方法，因注入能力和成本原因，注水、注天然气及 $CO_2$ 均被排除。受 BRRU 注空气项目成功的鼓舞，认为注空气是可行的。注气前进行了室内实验和详细的可行性研究。

注空气试验区包括 7 口注气井，13 口采油井，注气井与采油井之间的井距为 800～1200m（图 5–15）。

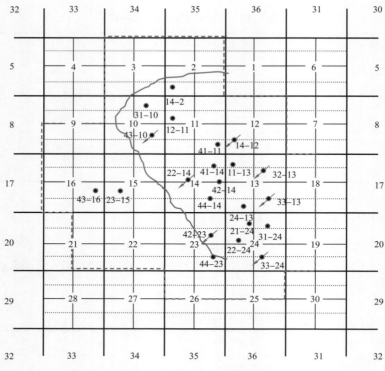

图 5-15 Medicine Pole Hi11s Unit 油田空气试验区

大规模注空气开发试验开始于 1987 年，注入压力为 30.3MPa，注入空气后，日产油不断上升，到 1992 年左右，7 口注入井的空气注入量为 $2.3 \times 10^5 m^3/d$，产油稳定在 $176 m^3/d$（1100bbl/d），产水率稳定在 50% 左右，空气油比稳定在 $1265 m^3/m^3$（$7500 ft^3/bbl$）左右（图 5-16 和图 5-17）。

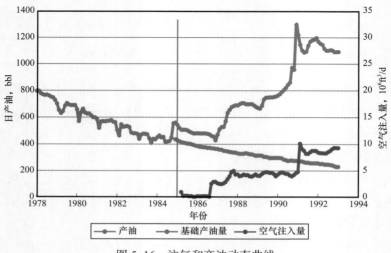

图 5-16 注气和产油动态曲线

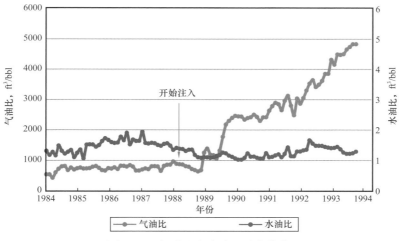

图 5-17　气油比和水油比动态曲线

### 3. 美国 Cedar Creek 油田空气驱技术

美国 Cedar Creek 油田油藏深度为 2743～2895m，油层厚度薄，只有 2.5～4.6m，油层渗透率 2～20mD，孔隙度 16%～24%。油藏初始温度 101～110℃，原油含油饱和度 52%～70%，原油 API 重度为 28～40°API，气油比为 150～300ft$^3$/bbl。该油田经过一段衰竭式开发后，产量大幅度降低，一次采收率为 8%～12%。随后开始大面积注空气，共有 91 口生产井，70 口注气井，该油田全部采用水平井，水平井长度 1700m，注采井距 568m（图 5-18）。注气效果明显，大约 3 年后，原油产量达到前期峰值产量（图 5-19）。预计注空气可提高原油采收率 16%～24%。

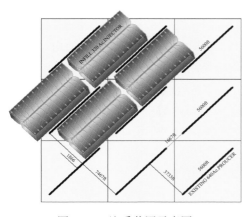

图 5-18　注采井网示意图

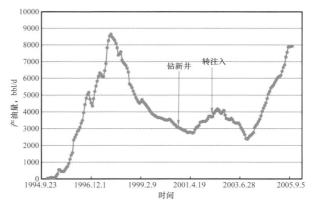

图 5-19　美国 Cedar Creek 油田空气驱生产曲线

### 4. 俄罗斯轻质油藏空气驱技术

俄罗斯目前共在 5 个轻质油田实施注空气开发：Gnedintsy 油田、Skhodnitsa 油田、Cala 油田和 Deli 油田等。图 5-20 所示为 Gnedintsy 油田注空气开发历史及效果。

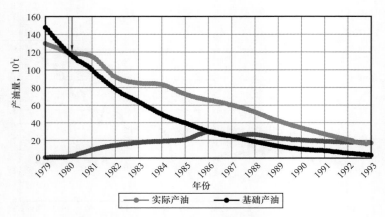

图 5-20　Gnedintsy 油田注空气开发历史及效果

实践表明，注空气的方式可大幅度增加油井产量，一般在 2～4 倍，最大可达 5～8 倍，采收率提高 7%，可采出老油田剩余储量的 40%～50%，经济效益好于注水开发。

## 二、国内注空气开发应用实例

稀油油藏低温氧化开采在我国虽然起步较晚，但由于空气来源广、成本低廉，近几年来受到广泛关注，几个油田还进行了小规模的现场试验，并取得了很好的效果。特别是把注空气和注空气泡沫相结合，更扩大了注空气开采技术的应用范围，几乎适用各种类型的轻质油藏。

20 世纪 70 年代末以来，在我国先后有胜利油田、大庆油田和百色油田在进行了简单的室内实验后，直接进入现场开展了注空气、空气泡沫驱油试验，并获得成功。进入 21 世纪以来，稀油油藏注空气、空气泡沫提高采收率技术受到高度的重视；先后有中国石油大学（华东）、西南石油大学、中国石油大学（北京）、中国石油勘探开发研究院、中国科学院理化所等研究单位，以及吐哈油田、胜利油田、中原油田、大庆油田、新疆油田和辽河油田等进行了室内实验研究和现场试验的准备工作。2004 年以来，延长油矿吴旗采油一厂、长庆油田采油二厂、延长油矿甘谷驿采油厂、百色油田也进行了空气泡沫驱现场试验，并取得了明显的效果（表 5-20）。中原油田特高含水油藏空气泡沫调驱技术已经通过中国石化的鉴定。

2004 年开始对仑 16 块进行空气泡沫 + 空气水交替驱先导性试验。试验结果表明，混气水驱后对应生产井取得了降水增油效果，投入产出比已达到 1:3.2，取得了较好的效果。中原油田胡 12 块已进行的现场泡沫调驱先导试验取得了很好的提高采收率效果和现场空气泡沫驱经验。胡 12-152 井组现场结果表明，三个月空气泡沫调驱增油 12% 以上，含水降低 4%，试验过程中生产井氧气含量最高达到 2.5%。

总之，国外以高压空气驱为主，主要利用气驱效应和热效应采油，至今无空气泡沫驱资料报道，无论从室内还是现场国外都取得了较为成熟的经验和配套技术，但是，国内还没有真正意义上的大幅提高采收率的空气驱，大多以空气泡沫调剖调驱为主，以少量增油为效果，室内和现场经验不足，基础研究薄弱。

表 5-20　国内典型注空气试验项目统计

| 油田或区块 | 油藏埋深 m | 空气渗透率 mD | 地面原油黏度 mPa·s | 原油相对密度 | 地层温度 ℃ | 注气前含水 % | 试验井组 个 | 时间 | 产出气含氧量 % | 累计增油 t |
|---|---|---|---|---|---|---|---|---|---|---|
| 胜利油田坨 3-5-23 | 1950 | 3000 | 350 | 0.93 | 74 | 81 | 1 | 1977.09—1978.01 | | 25000 |
| 百色油田百 4 块 | 1310 | 168～890 | 5.24 | 0.86 | 78 | 87.1 | 5 | 1996.9—2004.08 | ＜2 | 14800 |
| 百色油田仑 16 块 | 870 | 72 | 5.91 | 0.863 | 49.5 | 94 | 2 | 2004.05—2004.12 | ＜2.6 | 509.6 |
| 吴旗油田旗胜 35-6 | 2100 | 0.3～3.5 | 2.13 | （0.78） | 72 | 未注水 | 1 | 2005.12—2008.06 | | 1450 |
| 长庆油田马岭木 12-9 | 1560 | 30 | 7 | — | 48 | 91.6 | 1 | 2006.7—2006.11 | 0 | 700 |
| 中原油田胡 12 块 | 2150 | 235.5 | 43.17 | 0.872 | 84～89 | 97.5 | 4 | 2007.5—2009.08 | ＜1 | 4956 |
| 长庆油田五里湾长 6 | 1530 | 3.67 | 4.97 | — | 54.4 | 44.6 | 4 | 2009.12—2012 初 | 0～0.2 | 4190 |
| 河南魏岗油田 | 1510 | 987 | 11.95 | 0.8588 | 70 | 90.58 | 3 | 2008.8—2009.3 | — | 729.3 |
| 中原油田明 15 块 | 1650 | 143.1 | 102.7 | 0.908 | 60～70 | 76.6 | 4 | 2009.9—2010.8 | ＜3 | 4704.6 |
| 延长油矿唐 80 | 544 | 0.82 | 3.37 | 0.82 | 24.8 | 24.5 | 2 | 2007.09—2008.06 | — | 680 |

## 1. 中原油田空气泡沫驱

中原油田空气泡沫驱试验[4]是在东濮凹陷胡 12 块（图 5-21），该块油层埋藏深（2200m）、地层温度高（87℃）、原始地层压力（22.3MPa）、含盐量高（矿化度 200000mg/L 左右），聚合物驱、化学驱试验效果差的突出矛盾，在综合含水达 98.2% 的情况下，从 2005 年陆续开始在胡 12 块等三个区块实施空气泡沫驱。该区块油藏埋深含油层段沙三中 4—沙三下 1，含油面积 2.53km²，地质储量 1046×10⁴t；原始地层压力 23MPa，饱和压力 7.69MPa，渗透率 235.5mD，地面原油黏度 43.171mPa·s，油藏温度 84～89℃，地面原油密度 0.872g/cm³，地层水矿化度 20.16×10⁴mg/L，原始气油比 43.99m³/t，孔隙度 21%，标定采收率 27.0%。该区块曾采用过几种类型的调剖措施，大部分注水井都经过多轮次调剖，但是一般的调剖措施已不起作用。

2006 年有油井 9 口，开井 8 口；注水井 6 口，开井 6 口；日产油 8.9t，综合含水

97.54%，采油速度 0.23%，采出程度 24.8%。胡 12-152 示踪剂监测结果表明：随着注水开发时间的延长，已形成了水流优势通道或大孔道。

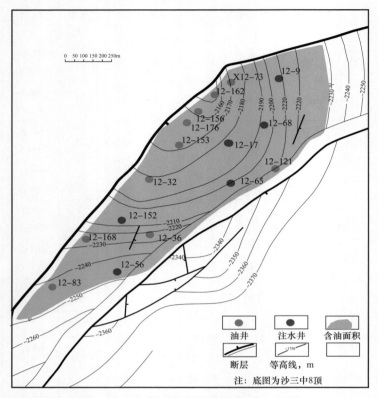

图 5-21　试验区胡 12 块沙三中 86-8 层系

2007 年 5—9 月，在胡 12 块的胡 12-152 井组进行了注空气泡沫调驱第一口井现场试验，使用国产空压机，注气井口和管柱也全部使用国产设备，采用泡沫液与空气地面混合注入一天，单独注空气一天的交替注入方式。共注入空气 $43 \times 10^4 m^3$，泡沫液 2001 $m^3$；气液比 1.07∶1，最高注气压力 34.6MPa，液、气折合地下体积约 0.1PV；然后转为后续注水。

注调驱后胡 12—152 井注水压力由调驱前 11.5MPa 上升到 20.8MPa；对应生产井连续进行产出气监测，直到该井组试验结束都未检测出氧气；对应油井在试验一个月后开始见效，效果最好的阶段产液量由措施前 225.8$m^3$/d 下降到 219.8$m^3$/d，产油量由 7.65t/d 上升到 18.6t/d，含水由 96.6% 下降到 89%。

截至 2008 年 11 月底，中原油田共进行 4 个井组 6 个井次空气泡沫驱试验，试验区块累计注空气 $320 \times 10^4 m^3$，泡沫液 $1.38 \times 10^4 m^3$，最高注气压力达到 35MPa；累计增油 2450t（图 5-22）。

产出井中有胡 12-32、胡 12-36、胡 12-152 等 3 口井见到氧气，氧气组分浓度均在 1% 以内（氮气组分浓度为 15.15%～45.31%），其余油井均为零，表明空气中氧气与原油发生氧化反应被消耗（图 5-23）。

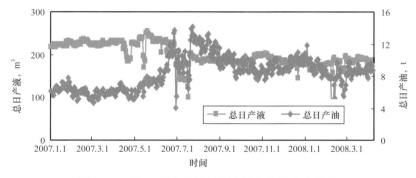

图 5-22　胡 12 块空气泡沫驱产油与产液生产曲线

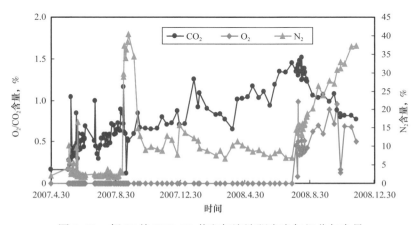

图 5-23　胡 12 块 H12-32 井空气泡沫驱产出气组分与含量

### 2. 广西百色油田百 4 块空气泡沫与空气驱

试验区为百色盆地东部上法油田石灰岩油藏[19]（图 5-24），地层倾角为 30°～50°，油藏中深 1310m，平均有效厚度 26.8m，总孔隙度 1.9%～9.1%，裂缝有效渗透率为 168～890mD，基块空气渗透率 43～46.5mD，地层原油黏度为 5.24mPa·s；地面原油密度为 0.86g/cm³，原始地层温度为 78℃，地层压力为 13.43MPa。

广西百色上法油田百 4 块油藏地质参数见表 5-21。百 4 块 1988 年投入弹性开发，油藏开采初期，油井具有一定的自喷生产能力，单井稳定日产油达 70～80t，采油速度一直保持在 2.5% 以上，由于注水水窜无法进行水驱，注水井于 95 年全部停注。注泡沫前（1996 年 9 月）可采储量采出程度为 79.4%，综合含水 87.1%。地层压力已接近枯竭压力（2.5MPa）。

该油田注空气开发共经历了 3 个阶段：

（1）1996—2000 年纯空气泡沫驱阶段。

（2）2001—2003 年空气—泡沫段塞驱阶段。

（3）2003—2004 年泡沫辅助—空气驱阶段。

在空气—泡沫段塞驱油的基础上，为了进一步降低成本，先注入一段空气泡沫，充分利用泡沫既可封堵高渗透裂缝层，又可驱油这一特性，起到防止注入空气过快窜入对应油井的作用，然后以成本更低的空气注入。

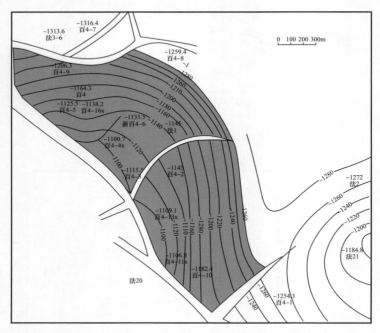

图 5-24 上法油田百 4 块兰木组石灰岩顶界构造图

表 5-21 上法油田百 4 块油藏地质参数

| 项目 | 数值 | 项目 | 数值 |
|---|---|---|---|
| 面积，km² | 1.8 | 地质储量，10⁴t | 169 |
| 平均中深，m | 1362 | 油藏原始压力，MPa | 13.4 |
| 平均有效厚度，m | 26.8 | 饱和压力，MPa | 7.1 |
| 平均有效孔隙度，% | 4 | 原始气油比，m³/m³ | 45.5 |
| 平均渗透率，mD | 230 | 原油密度，g/cm³ | 0.860 |
| 原始含油饱和度，% | 75 | 地下原油黏度，mPa·s | 1.09 |
| 地层温度，℃ | 79 | 地层水型/总矿化度，mg/L | NaHCO₃/6970 |

（4）2004 年泡沫辅助—混气水驱试验阶段。

这项技术主要用于砂岩油藏的驱油。先注入一段空气泡沫，封堵高渗大孔道，然后以空气—水交替注入地层，驱替剩余原油，从而提高采收率。

1996 年 9 月至 2004 年 8 月在百 4 块 5 口井上累计注入空气泡沫—空气 31 井次试验取得了较好的开采效果（图 5-25）。累计注入泡沫液 $3.43 \times 10^4 m^3$，空气 $843 \times 10^4 m^3$，累计增油 $1.48 \times 10^4 t$。累计投入产出比约 $1:4.49$。

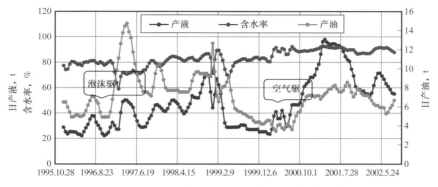

图 5-25 百 4 块空气泡沫驱与空气驱生产效果曲线

通过试验，得到了下列主要认识：

（1）油藏能量得到一定的恢复，地层压力上升，油水界面下降。

根据油藏 1997 年油井液面监测资料，开展单井注泡沫试验后，主要观察井的液面（地层压力）普遍上升了 50～100m。同时静态观察井（百 4-3）的井筒油水界面明显下降。

（2）改善了油藏的开发生产状况，降低了综合含水。

油藏注泡沫试验前，日均产油 3.5t，日产水 23.6m³，综合含水 87.1%，每采出 1t 原油的耗水量为 6.6m³。注泡沫试验后，油藏日均产油量 8.5t，综合含水 82.1%，每采出 1t 原油的耗水降至 2.7m³。

（3）减水增油效果明显：产油量大幅度提高，含水下降。

开展注泡沫试验后，油藏因含水 100% 而关井的百 4-4 井、百 4-6 井和百 4-16 井三口井不仅液量增加，而且含水普遍下降 10～30 个百分点，同时百 4-13 井的含水也大幅度下降，单井日增油 1～4t，最高的百 4-6 井初期日增油达 14t。区块至 2004 年 8 月累计增油 14800t。增油效果十分明显。

## 3. 延长油矿吴旗采油一厂空气驱试验

旗胜 35-6 井组生产层位延长组[20]，属于一个小的鼻状构造（图 5-26）。以注气井旗胜 35-6 井为构造高点，油藏

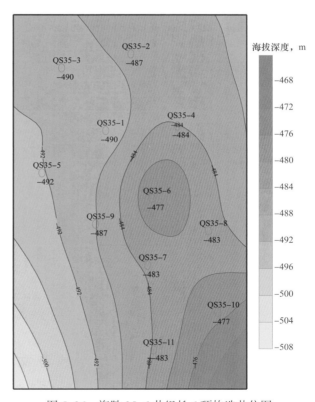

图 5-26 旗胜 35-6 井组长 6 顶构造井位图

埋深 1920～2250m，渗透率为 0.3～3.5mD，地层原油黏度为 2.13mPa·s，地下原油密度为 0.779g/cm³，原始地层温度为 72℃。

图 5-26 所示为旗胜 35-6 井组一线对应井生产曲线。该井区试验前完全靠天然能量开发，产量递减很快；平均单井日产液由 2004 年 8 月投产初期 8.6m³ 下降到 2.7m³，单井日产油由 4.0m³ 下降到 1.6m³。

试验从 2005 年 12 月 11 日开始进行，是以注空气为主，注空气泡沫辅助。至 2007 年 6 月，累计共注入空气约 280×10⁴m³（折合地下体积大约 1.4×10⁴m³）。累计注入泡沫活性水＋隔离液 1128m³。注气压力由开始的 13MPa 上升到 22.5MPa。

11 口生产井，其中有 6 口井见到注气增油效果（图 5-27），截至 2007 年 6 月，累计增油 1450t。含水大幅度下降，由 2006 年 6 月的 36.3% 下降到 2007 年 6 月的 5.3%。

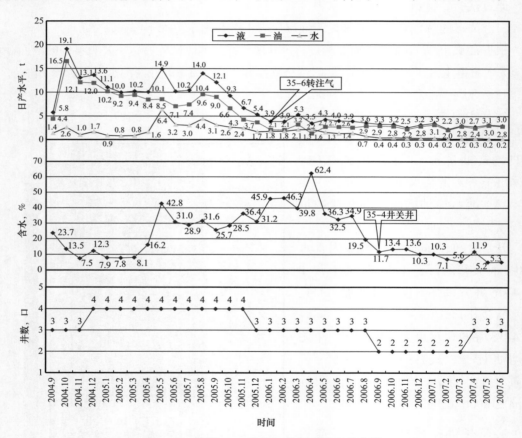

图 5-27　旗胜 35-6 井组一线对应井生产曲线

## 参 考 文 献

［1］吉亚娟，周乐平，赵泽宗，等.注空气采油工艺的风险分析及安全控制技术［J］.石油化工安全环保技术，2007，23（03）：19-22.

［2］ Kumar V K, Fassihi M R. 1995. Case History and Appraisal of the Medicine Pole Hills Unit Air Injection Project［J］. SPE Res. Eng., 1995, 10（03）: 198–202.

［3］ 华帅, 刘易非, 高战胜, 等. 油藏注空气技术面临的问题及对策［J］. 油气地面工程, 2010, 29(11): 47–48.

［4］ 吴信荣, 林伟民, 姜春河, 等. 空气泡沫调驱提高采收率技术［M］. 北京: 石油工业出版社, 2010: 174–182.

［5］ 韩霞. 郑408块火烧驱油注气井腐蚀原因分析及对策［J］. 腐蚀科学与防护技术, 2010, 22（03）: 247–250.

［6］ Wu W, Hao W K, Liu Z Y, et al. Corrosion Behavior of E690 High-strength Steel in Alternating Wet-dry Marine Environment with Different pH Values［J］. Journal of Materials Engineering and Performance, 2015, 24（12）: 4636–4646.

［7］ Chen Mingyan, Wang Hua, Liu Yucheng, et al. Corrosion Behavior Study of Oil Casing Steel on Alternate Injection Air and Foam Liquid in Air-foam Flooding for Enhance Oil Recovery［J］. Journal of Petroleum Science and Engineering, 2017, 165: 970–977.

［8］ Gillham T H, Cerveny B W, Fornea M A, et al. Low Cost IOR : An Update on the W. Hackberry Air Injection Project［R］. SPE 39642, 1998.

［9］ 王伯军, 蒋有伟, 王红庄, 等, 空气泡沫驱井底发泡工艺管柱: 中国专利, ZL201120289219.X［P］. 2012–03–14.

［10］ Gutiérrez D, Taylor A R, Kumar V K, et al. Recovery Factors in High-Pressure Air Injection Projects Revisited［J］. SPE Res. Eval. & Eng., 2008, 11(6): 1097–1106.

［11］ Parrish D R, Pollock C B, Ness N L, et al. A Tertiary COFCAW Pilot Test in the Sloss Field, Nebraska［J］. Journal of Petroleum Technology, 1974, 26（06）: 667–675.

［12］ Huffman G A, Benton J P, El-Messidi A E, et al. Pressure Maintenance by In-situ Combustion, West Heidelberg Unit, Jasper County, Mississippi［J］. Journal of Petroleum Technology, 1983, 35（10）: 1877–1883.

［13］ Fassihi M R, Yannimaras D V, Westfall E E, et al. Economics of Light Oil Air Injection Projects［R］. SPE/DOE 35393 presented at the SPE/DOE Tenth Symposium on Improved Oil Recovery, 1994.

［14］ Erickson A, Legerski J R, Steece F V. An Appraisal of High Pressure Air Injection（HPAI）or In-situ Combustion Results from Deep, High-Temperature, High Gravity Oil Reservoirs［R］. The 50th Anniversary Field Conference of the Wyoming Geological Association Guidebook, 1994.

［15］ Fassihi M R, Yannimaras D V, Kumar V K. Estimation of Recovery Factor in Light-Oil Air-Injection Projects［R］. SPE 28733, 1997.

［16］Kumar V K，Gutierrez D，Moore R G，et al. Case History and Appraisal of the West Buffalo Red River Unit High-Pressure Air Injection Project［R］. SPE 107715, 2007.

［17］Doraiah Adabala，Siba Prasad Ray，Pankaj Kumar Gupta. In-Situ Combustion Technique to Enhance Heavy-Oil Recovery at Mehsana，ONGC-A Success Story［R］. SPE 105248, 2007.

［18］翁高富，张佐栅，李益在，等. 泡沫—空气段塞驱油技术在潜山油藏的应用［J］. 石油天然气学报，2011, 33（12）: 136-138.

［19］白江. 吴起油田空气—泡沫驱的试验与研究［D］. 西安: 西安石油大学，2013: 16-17.

# 第六章　减氧空气驱油技术

　　减氧空气驱是为了确保空气驱生产安全，在注入空气过程中把氧气含量人为降到爆炸极限以内，剩余氧气在油藏中和原油发生低温氧化作用。由于减氧空气驱中氧浓度变化，其机理和空气驱机理也不尽相同。根据低/特低/超低渗透油藏、复杂断块油藏、高温高黏油藏、潜山油藏注气大幅度提高采收率的现实需求，中国石油在实际注空气技术筛选时，根据油藏具体特点及开发阶段，结合气源、环境、政策等因素，重点攻关注空气多重机理在不同条件下的主控机制，形成了适合于目的区块的减氧空气驱开发配套特色技术，在此基础上完善了相应的油藏工程设计方法、配套注采工艺技术和地面工程措施，保证了现场注空气安全高效运行。该技术荣获中国石油2019年度十大科技进展。那么，为什么要减氧？减氧到什么程度最优？减氧的成本如何？如何实现减氧？这是几个需要回答的问题。

## 第一节　减氧空气驱技术特点及气质标准

### 一、减氧必要性

　　国外的现场实践结果表明（表6-1），油藏渗透率变化范围为2~300mD，油层厚度为5.5~13.7m。应用空气驱开发[1-4]，原油采收率提高7.29%~28.2%。

**表6-1　美国典型高压空气驱情况**

| 油田区块 | 储层特征 | 地质特征 | | | | 施工情况 | 效果 | 注入介质 |
|---|---|---|---|---|---|---|---|---|
| | | 孔隙度 % | 渗透率 mD | 油层温度 ℃ | 原始地层压力 MPa | | | |
| MPUH | 裂缝发育 | 17 | 5 | 110 | 28 | 7年累计注空气 $42.2 \times 10^8 m^3$ | 二次采收率从15%提高到28.2% | 空气 |
| Horse Creek | 非均质性严重 | 16 | 15 | 104 | 27.8 | 日注气量 $24 \times 10^4 m^3$，注气压力为34.7MPa | 日产油量增加 $17 m^3$，井底压力升高3.8MPa | 空气 |

续表

| 油田区块 | 储层特征 | 地质特征 | | | | 施工情况 | 效果 | 注入介质 |
|---|---|---|---|---|---|---|---|---|
| | | 孔隙度 % | 渗透率 mD | 油层温度 ℃ | 原始地层压力 MPa | | | |
| BRRU | 非均质性严重 | 20 | 10 | 102 | 24.8 | 注气压力为 30.3MPa | 提高采收率 15.6% | 空气 |
| Coral Creek | 非均质性严重 | 9～22 | 10 | 97 | — | 注气压力 32MPa | 提高采收率 7.29% | 空气 |

　　空气驱不是简单的烟道气驱，驱油机理中除了气驱作用外还有热效应，从距离 Buffalo 油田 BRRU 14-22 注气井 150ft 的 BRRU14-22R16 替代井中取心薄片显微照片可以看出，岩心薄片显微照片（图 6-1）表明几乎不存在烃类（黑色斑点），岩心分析含油饱和度仅为 4.9%，这表明微观驱油效率非常高，普通非混相烟道气驱无法到此水平，盐的存在也证明地层岩石经过高温加热。

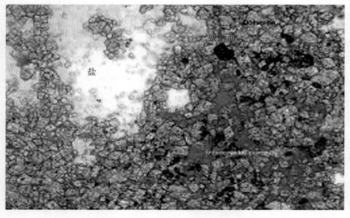

图 6-1　BRRU14-22R16 井取心薄片显微照片

　　为了尽可能发挥空气与原油低温氧化反应产生的热效应，国外在空气驱油藏筛选时，优先选择高温（＞95℃）高压原始油藏，同时设置大井距（600～1000m），选用较大空气注入强度的模式使得有足量的氧气保证断键反应的持续发生，最大程度发挥热效应。而国内注空气项目选择的油藏大都是井距较小（＜300m），而且经过压裂或者前期水驱后的油藏，储层非均质性变强，较大的注气速度容易导致气窜，产出气检测含氧时有发生，同时，大量的次生水体会阻碍热量的积聚，难以发挥热效应。

　　为了解决空气驱采油过程中的安全问题，从源头上排除空气驱采油过程中的爆炸隐患，中国石油近几年结合具体油藏条件，提出了减氧空气驱采油方法，并形成了减氧空气驱、泡沫辅助减氧空气驱、重力辅助减氧空气驱和减氧空气泡沫驱等几种注减氧空气开发配套特色技术。

## 二、技术经济优势

### 1. 防爆

爆炸风险是制约空气驱技术广泛应用的最主要的瓶颈问题。油气与空气的混合物发生爆炸需同时满足 3 个条件：可燃物、助燃物和点火源，注空气开发过程中，油气可燃物和点火源是客观存在的，而注入空气中的氧气含量主观可控，因此监测和控制氧气含量是安全防爆的关键。中国石油大学（华东）建立了高温高压爆炸模拟实验装备及方法[5]，确定了不同条件下的安全临界氧含量，相关内容见本书第五章第一节。

为了确定注空气过程中 $O_2$ 的消耗量以及安全性，特设计了细长填砂管（25m×$\phi$6mm）实验。进行注空气仿真物理模拟实验，同时，对产出气体进行组分与含量分析，确定不同氧含量减氧空气驱油安全性。

实验用油为港东二区五的高压含气原油，待饱和好含气原油后，进行恒压、恒速气驱，气体选用三种减氧空气（氧含量 15%，10% 和 5%），实验温度 67℃，实验压力为17.2MPa，每间隔 24h 进行一次取产出气样分析，总注入量大于 1 倍孔隙体积，待气体突破后停止注气，连续驱替 150h。通过分析实验产出气样品的组分与含量变化，进一步明确原油与减氧空气的相互作用规律。

从产出气体组分（图 6-2 至图 6-4）可以看出，注入减氧空气的氧含量越低，产出气组分中 $O_2$ 含量越少，当驱替至 1.2 倍孔隙体积气体完全突破时（实验时间约为 124h），最高氧含量为 3.06%（氧含量 15% 减氧空气驱），表明驱替至 1.2PV 时，生产是安全的。

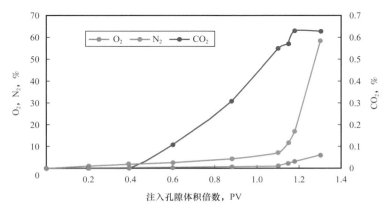

图 6-2　减氧空气（氧含量 15%）驱产出气组分及含量

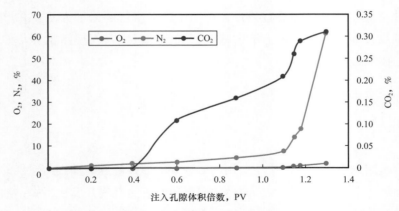

图 6-3  减氧空气（氧含量 10%）驱产出气组分及含量

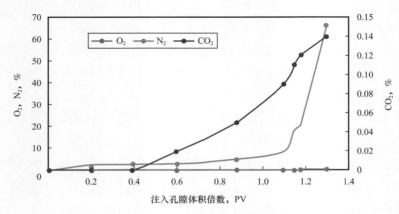

图 6-4  减氧空气（氧含量 5%）驱产出气组分及含量

### 2. 防腐

清华大学对 J55，N80，P110 和 13Cr 等不同钢材腐蚀挂片研究认为，将空气中的氧气含量从 21% 降至 5%，氧腐蚀速率降幅超过 95%，虽不能从根本上解决管柱氧腐蚀问题。但是可以通过管柱材质优选、表面处理、添加缓蚀剂[6]、牺牲阳极保护或干湿分离注入等多措并举配套防护措施，达到行业腐蚀标准要求，相关内容见本书第五章第一节。

### 3. 提高驱油效率

为研究不同氧含量减氧空气驱驱油机理，以长庆五里湾特低渗透油藏为研究对象，利用长岩心驱替实验来定量研究氮气驱和空气驱驱油效果。注气速率采用 6 天时间驱替 1 倍孔隙体积，实验得到不同温度不同压力条件下氮气和空气的驱油效率。

实验结果表明：在地层压力为 15MPa，温度小于 120℃条件下（图 6-5），氮气驱驱油效率高于空气驱驱油效率，主要原因是空气在驱替过程中与原油发生低温氧化反应，造成原油黏度增加。当温度高于 120℃，空气驱驱油效率高于氮气驱驱油效率，分析原因认为，在较高的温度条件下，低温氧化随着温度的升高，产生更多的 $CO_2$，$CO_2$ 的增溶作用起到较大作用。在地层温度为 65℃，压力小于 33MPa 的条件下（图 6-6），氮气驱驱油效率高于空气驱驱油效率，当压力高于 33MPa 时，空气驱驱油效率高于氮气驱驱油效率，在较高的压力条件下，低温氧化随着压力的增大，产生更多的 $CO_2$，$CO_2$ 的增溶作用起到较大作用。因此，在低温低压油藏条件下，更适于减氧空气驱。

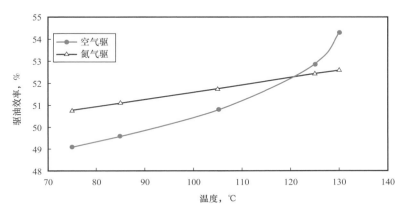

图 6-5　不同温度条件 15MPa 下 $N_2$ 和空气驱驱油效率

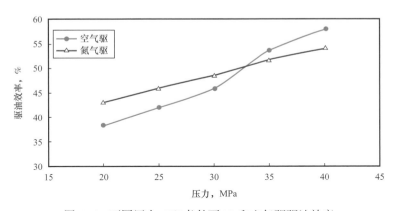

图 6-6　不同压力 65℃条件下 $N_2$ 和空气驱驱油效率

### 4. 低成本

中国石油集团济柴动力有限公司成都压缩机分公司详细研究了不同氧气含量、电价、折旧年限等因素对减氧成本的影响，其中设备造价包含螺杆压缩机、减氧装置和增压机，运行成本包括电费与维保费。从表 6-2 可知，当电价为 0.7 元 /（kW·h），折旧年限按 10 年计算，氧气含量为 10% 的减氧空气成本仅为 0.355 元 /m³，与其他气体驱油介质相比具有较大的成本优势[8]。

表 6-2  减氧空气一体化装置（高压膜）成本数据表

| 氧气含量 % | 所需空气量 m³/h | 不同电价和折旧年限下的成本，元 /m³ | | | | | | | | |
|---|---|---|---|---|---|---|---|---|---|---|
| | | 0.3 元 /（kW·h） | | | 0.5 元 /（kW·h） | | | 0.7 元 /（kW·h） | | |
| | | 10a | 15a | 20a | 10a | 15a | 20a | 10a | 15a | 20a |
| 2 | 5526 | 0.312 | 0.287 | 0.275 | 0.442 | 0.418 | 0.405 | 0.572 | 0.548 | 0.535 |
| 5 | 3936 | 0.242 | 0.222 | 0.212 | 0.339 | 0.319 | 0.309 | 0.437 | 0.416 | 0.406 |
| 7 | 3498 | 0.222 | 0.203 | 0.193 | 0.308 | 0.288 | 0.279 | 0.393 | 0.374 | 0.364 |
| 10 | 2922 | 0.203 | 0.185 | 0.176 | 0.279 | 0.260 | 0.251 | 0.355 | 0.336 | 0.327 |
| 21 | 1800 | 0.145 | 0.132 | 0.125 | 0.199 | 0.186 | 0.179 | 0.253 | 0.239 | 0.233 |

注：排量为 1800m³/h，排压为 25MPa。

### 三、减氧空气驱气质标准

从 2009 年开始，中国石油依托重大开发试验平台，在低渗透、水敏、高含水和潜山等油藏开展减氧空气驱试验，联合多家单位共同攻关，揭示了油藏中氧气消耗机理，提出了有效防爆和防腐措施，明确了空气减氧的技术路线和成本，制定了《驱油用减氧空气》等相关标准，规范了驱油用空气 / 减氧空气 / 氮气的技术经济指标，有力指导了减氧空气驱和空气驱现场试验（表 6-3）。

表 6-3  《驱油用减氧空气》气质标准表

| 气体类型 | 空气 | 减氧空气 | | | 氮气[2] | | | 高纯氮 |
|---|---|---|---|---|---|---|---|---|
| 含 $O_2$ 量，% | 21 | 10 | 7 | 5 | 2 | 1 | 0.1 | 0.01 |
| 含 $N_2$ 量，% | 79 | 90 | 93 | 95 | 98 | 99 | 99.9 | 99.99 |
| 单价，元 /m³ | 0.1[1] | 0.25 | 0.3 | 0.35 | 1.0 | 1.5 | 2.0 | 3 |

[1] 注空气折合成本（主要为注入电费）。
[2] 氮气执行 GB/T 3864—2018《工业氮》标准。

## 第二节  减氧空气增压－一体化工艺技术及装置

减氧空气增压一体化装置是由空压机（螺杆机）、减氧系统、增压机组成，该一体化装置需要对空气净化系统、减氧系统、增压系统的空气流量进行匹配，以实现不同系统间的压力、流量保持平衡，达到联锁联控，确保装置入口为常压空气，出口则为目标压力条件下（数十兆帕）的减氧空气。

## 一、减氧空气制取技术优选

空气分离技术主要有三种：一是传统的深冷分离技术，即利用空气中各组分（$O_2$，$N_2$，$Ar$，$He$ 等）沸点的不同，将空气液化，然后通过连续多次的蒸发冷凝，达到空气中各组分分离目的。该技术制得的氮气纯度高、量大，但工艺流程复杂，占地面积大，一次性投资较高，操作维护要求高，运行费用高且产品储运困难，因此，油田开发驱油用减氧空气不宜采用这种工艺；二是变压吸附法（PSA）技术；三是集成膜分离法（MEM）技术。PSA 技术和 MEM 技术在国际上较为先进，便于实现计算机联控。

### 1. 变压吸附减氧工艺

变压吸附减氧利用吸附剂（碳分子筛）在不同压力下对氧和氮的吸附能力大小的不同而达到空气分离的一种常温气体分离技术。其核心是碳分子筛，碳分子筛是多孔颗粒状的碳基材料，其微孔面积远大于颗粒表面面积。颗粒内部的微孔能优先吸附氧分子，少量吸附氮分子。利用碳分子筛吸附氧、氮差异的特性，在特定条件下达到氧、氮分离的目的。

#### 1）PSA 变压吸附减氧机理

变压吸附法是指在一定温度下，根据不同吸附质在同一吸附剂上不同压力下的吸附量不同，通过改变压力这一热力学参量，将不同吸附质进行分离的循环过程。在较高压力下，吸附剂对吸附质的吸附容量因其分压升高而增加，在较低压力下，吸附剂对吸附质的吸附容量因其分压下降而减少，使被吸附的组分解吸出来。由于吸附循环周期短，吸附热来不及散失即被解吸过程吸收，吸附床层温度变化很小，因此，变压吸附又称为常温或无热源吸附。

经研究和反复对比，一种被称为"碳分子筛"的物质对空气中氧分子和氮分子具有很大的吸附差异性能，可以作为变压吸附分离空气的氧和氮的吸附剂，图 6-7 是碳分子筛对氧、氮吸附性能的特性曲线。

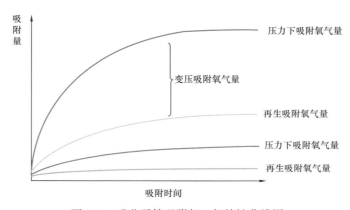

图 6-7 碳分子筛吸附氧、氮特性曲线图

变压吸附法一般采用两个吸附罐塔，循环交替的变换各吸附罐塔压力，就可以达到连续分离空气组分，使空气中的氧含量降低，达到减氧目的。

2）变压吸附减氧工艺流程

变压吸附减氧工艺流程如图 6-8 所示。变压吸附减氧系统通过 A 和 B 两个吸附罐进行交替吸附和再生，再经过纯化系统可得到不同浓度的减氧空气。

与深冷分离法相比，变压吸附技术具有工艺流程简单、操作简便、投资较省等优点。但由于碳分子筛强度较低，工作压力一般为 0.7～1.0MPa。在制取减氧空气时，由于所需压力一般大于 1.2MPa，碳分子筛在大气流冲刷下易粉化，造成沸碳。

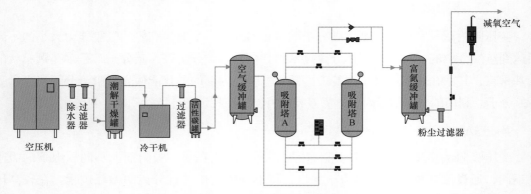

图 6-8　变压吸附减氧工艺流程

## 2. MEM 膜分离减氧工艺

膜分离技术是目前最先进的常温空气分离技术。膜分离原理是利用空气中的不同分子在透过高分子材料时的渗透速率差异而实现氮、氧分离的。

1）膜分离减氧机理

膜分离技术是指利用特殊高分子材料薄膜对某些气体组分具有选择性渗透和扩散的特性，达到气体分离的目的。膜分离空气原理如图 6-9 所示，高分子材料被制成如头发丝粗细的中孔纤维膜，空气在孔内部通过，末端得到需要的减氧空气（氧含量小于 10%），侧面为排放的富氧气体。中空膜减氧空气处理设备包括空气压缩净化系统、缓冲系统、增温系统、中空膜分离系统、控制系统和增压系统。

2）膜分离减氧工艺

典型的中空膜型减氧空气处理工艺由以下三部分组成：一是空气压缩和净化；二是减氧分离空气；三是减氧空气储存及输出。

空气中含有大量的尘埃、水和其他污染物在，在膜减氧实际生产过程中，空压机生产的压缩空气，在排气温度和压力下为油/水的饱和气体，在后面的工艺过程中，温度降低，会析出液态的油和水，该液态的油和水会对膜性能造成伤害。因此，在选择好膜的前提下，还应该提供一个完整的膜系统的空气净化处理和控制系统。

由空气压缩机送来的压缩空气，进入空气缓冲罐除去大部分粉尘与油水滴，经旋涡水分离器和一级聚合微粒过滤器，除去更多的粉尘与油水滴，再经过二级聚合微粒过滤器除去压缩空气中几乎所有的油和水。然后进入活性炭过滤器，进一步除去油水滴和油蒸气，最后进行粉尘过滤，以达到中空膜分离气体所需的空气质量，空气进入中空膜中杂质含量要求如下：残油含量≤0.003mg/m³（21℃），残余粉尘粒径≤0.01μm。集成膜减氧工艺过程如图6-10所示。

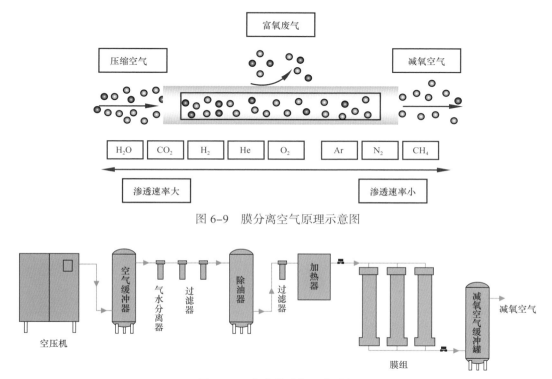

图 6-9　膜分离空气原理示意图

图 6-10　集成膜减氧工艺过程

### 3.减氧空气制取技术分析

经研究得出的深冷分离、膜分离和变压吸附空分技术制取减氧空气的适用界限如图6-11所示，技术性能对比见表6-4。由表6-4可以看出，膜分离法和变压吸附法均可应用于驱油用减氧空气制取[7]。

鉴于油田井场分散，注采井不集中，如果选择PSA方案，需要集中建设空气注气站，并进行相应的土建工程，建站后注气装置基本不宜移动，可行性差。

在技术需求上，减氧空气不需要氧含量低于2%，所以，采用MEM法便于减氧设备置于集装箱内，方便移动，随处调用，是油田现场空气泡沫驱压缩空气减氧装置的最佳方案，为此推荐采用MEM膜分离减氧工艺。

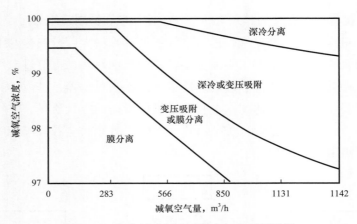

图 6-11　空分技术制取减氧空气的适用界限

表 6-4　三种减氧空气（氮气）技术性能对比

| 项目 | 膜分离法 | 变压吸附分离法 | 深冷分离法 |
|---|---|---|---|
| 分离原理 | 相同压力下，氧气渗透率高于氮气 | 相同压力下，氧气比氮气更易被吸附 | 相同压力下，液氧沸点大于液氮沸点 |
| 氮气浓度，% | 90.0～99.9 | 95.00～99.99 | 99.000～99.999 |
| 制气特点 | 常温，压缩空气在膜组件中连续通过分离，无循环切换，无相变，无再生。产品气压力稳定范围0.2～2.0MPa | 常温，压缩空气在A、B吸附塔交替进行吸附—均压—解吸—吸附的分离过程。压力有波动，需要缓冲罐。压力范围0.5～0.8MPa | 低温，连续，有相变，产品气压力稳定 |
| 减氧空气产量，m³/h | ＜5000 | ＜10000 | ＞10000 |
| 主要设备 | 空压机、过滤器、干燥机、加热器、膜组件 | 空压机、过滤器、干燥机、进气储罐、吸附塔、出气缓冲罐 | 空压机、预冷机组、分子筛吸附器、加热器、透平膨胀机、主换热器、精馏塔、冷凝蒸发器 |
| 运行工艺及操作 | 简单 | 尚可 | 复杂 |
| 可靠性 | 高 | 中 | 低 |
| 启动时间，min | 5 | ＞30 | ＞720 |
| 设备尺寸 | 紧凑轻巧 | 较大 | 大型 |
| 扩容 | 易扩容 | 可扩容 | 难扩容 |
| 设备特点 | 易安装（可橇装）、移动方便、维护保养简单 | 安装复杂、移动不便、有放空噪声 | 适用于高纯度、大规模化工领域 |

## 4. 经济性对比分析

膜分离和变压吸附制氮（减氧）空气技术的经济性对比见表 6-5，膜分离法膜数据按 UBE 膜工作温度 40℃条件计；装置运行电费按 0.8 元 /（kW·h）计；压缩空气按二级能效螺杆压缩机在 1.2MPa 下比功率 9.2kW/（m³/min）计；运输保险费用按每年 300 天计；人工费用按一套设备 4 个工作人员计算，未含管理费用。由表 6-5 可知，在对比工况条件下，制取氧气含量为 5%～10% 的减氧空气时膜分离法经济性较好，制取氧气含量 2%～5% 的减氧空气时变压吸附法经济性较好。与变压吸附法相比，膜分离法因其机动性好、成本低等显著优势，尤其适用于制取中小气量、氧气纯度低的减氧空气，可广泛应用于中小规模集中建站，以及分开注入、井场注入和车载式注入等多种使用场合，特别适宜于油田二次、三次采油用减氧空气的制取。

表 6-5 膜分离和变压吸附制氮（减氧）空气技术经济性对比

| 制氮技术 | 氧气含量 % | 减氧空气压力 MPa | 气耗比 % | 减氧空气成本 元 /m³ | 运输保险费用 元 /m³ | 设备折旧（按 10 年）元 /m³ | 大修费用 元 /m³ | 人工费用 元 /m³ | 价格合计 元 /m³ |
|---|---|---|---|---|---|---|---|---|---|
| 膜分离 | 10 | 1 | 64 | 0.190 | 0.04 | 0.030 | 0.025 | 0.08 | 0.365 |
|  | 7 | 1 | 54 | 0.230 | 0.05 | 0.035 | 0.028 | 0.08 | 0.420 |
|  | 5 | 1 | 47 | 0.260 | 0.06 | 0.040 | 0.030 | 0.08 | 0.470 |
|  | 2 | 1 | 35 | 0.350 | 0.08 | 0.060 | 0.045 | 0.08 | 0.615 |
| 变压吸附 | 10 | 1 | 65 | 0.190 | 0.04 | 0.030 | 0.028 | 0.08 | 0.370 |
|  | 7 | 1 | 55 | 0.220 | 0.05 | 0.035 | 0.030 | 0.08 | 0.415 |
|  | 5 | 1 | 50 | 0.245 | 0.06 | 0.040 | 0.030 | 0.08 | 0.450 |
|  | 2 | 1 | 40 | 0.310 | 0.08 | 0.060 | 0.035 | 0.08 | 0.555 |

## 二、膜减氧空气增压一体化装置

目前中国石油天然气集团有限公司已经成功研制出系列膜减氧空气增压一体化成套处理装置（图 6-12），并且制定了减氧空气一体化装置企业标准，同时设计制造能够做到螺杆机、制氮机和增压机参数合理匹配，并确保空气压缩机组运行正常和安全；"橇装式"减氧增压一体机符合标准化设计要求，配套性能可靠的自动化控制系统，便于现场管理；具有运行状态监视及报警功能，流量连续可调。

中国石油集团济柴动力有限公司成都压缩机分公司与天邦膜技术国家工程研究中心有限责任公司合作已为青海油田分公司设计制造了一套 $5 \times 10^4 m^3/d$ 高压空分膜减氧一体化成套装置，该装置能适应高海拔、大风沙等环境条件。随着空分膜减氧一体化成套装置系列化产品的研制与建成运行，必将大力助推中国石油减氧空气驱油技术的工业化推广和发展。

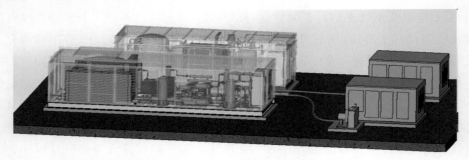

图6-12　集成膜减氧空气增压一体化成套处理装置系统配置图

# 第三节　减氧空气驱矿场试验

## 一、长庆靖安油田五里湾低渗透油藏减氧空气驱工业化试验

### 1. 项目基本情况

靖安油田五里湾 ZJ53 试验井区延长组长$_6$油藏属岩性或构造—岩性油藏，原始驱动类型为弹性溶解气驱。主力层长$_6$油层平均有效厚度为 13.5m，平均孔隙度 12.43%，渗透率 1.5mD，油层平均埋深 1850m。五里湾一区原始地层压力为 12.26MPa，饱和压力 7.5MPa，地饱压差较小（2.9~5.2MPa），油层温度为 56℃。五里湾一区长$_6$地层原油相对密度为 0.767，地层原油黏度为 2.0mPa·s，气油比为 70m³/t，地面原油黏度为 7.69mPa·s，地面原油相对密度为 0.8559，体积系数为 1.21，地层水矿化度为 80.56g/L，水型为 $CaCl_2$ 型，pH 值为 6.0。

试验前该区已进入中含水开发期，综合含水 48%，随开发时间的延长和采出程度的加大，ZJ53 区含水开始上升，部分井组剖面矛盾加剧，自然递减和综合递减开始变大，含水上升率加快，稳产难度加大，平面和纵向开发矛盾突出。为改善水驱效果，在 4 个井组减氧空气泡沫驱试验取得相关驱油机理、泡沫体系、安全可控的试验新工艺、注采参数等方面的阶段认识的基础上，2009 年开展了空气泡沫驱试验。同时，通过物理模拟、微观实验等开展室内研究实验，进一步深化低渗透油藏减氧空气泡沫驱提高采收率机理，为探索一体化管理模式，引领低渗透油藏规模化推广应用，优化部署五里湾一区泡沫辅助减氧空气驱试验规模为 77 注 244 采，现场分年逐步实施。第一期实施 1 号注气站辖区井组 ZJ53（15 注 62 采）和 ZJ60 井区部分井组（15 注 39 采），共 30 注 101 采。

方案设计前置段塞 0.03PV，发泡剂浓度 4000mg/L，气液比 1.2∶1~1.5∶1，注入速度

$20\sim30\mathrm{m}^3/\mathrm{d}$，注采比 1.1∶1～1.2∶1，总注入量 0.25PV。注入井口压力控制在 20MPa 以内。

截至 2019 年 10 月 31 日，试验区累计注泡沫液 $66.1\times10^4\mathrm{m}^3$、减氧空气 $84.49\times10^4\mathrm{m}^3$，合计地下体积 $150.5\times10^4\mathrm{m}^3$，累计注入地下体积 0.176PV，完成优化后总设计量 35.3%。

### 2. 试验区生产情况

ZJ53 区减氧空气泡沫驱（图 6–13）15 井组，油井数 62 口，目前开井 56 口；水井 15 口，开井 15 口。平均单井日产水平 1.0t，累计采油 $85.7\times10^4\mathrm{t}$，平均动液面 1472m。试验井组日注泡沫液 $149\mathrm{m}^3$、日注气 $392\mathrm{m}^3$（折合地下体积），综合含水 75.5%，15 井组地质储量采油速度 0.44%、地质储量采出程度 19.57%，压力保持水平为原始地层压力的 121.9%。

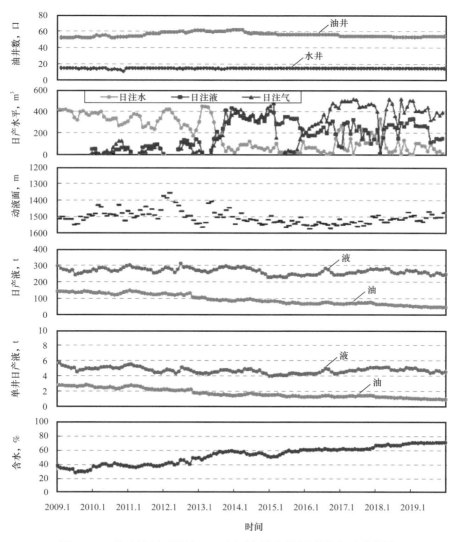

图 6–13　长庆油田五里湾 ZJ53 区减氧空气泡沫驱综合开采曲线

减氧空气泡沫驱在保持地层能量、改善水驱、扩大平面波及面积等三方面均优于水驱，现场试验取得了较好的效果。

（1）地层压力由 13.2MPa 升至 14.9MPa，压力保持水平由 107.7% 升至 121.9%，其中 2015 年恢复注气后压力保持水平由 115.8% 升至 119.8%，较快地补充了地层能量（图 6-14 和图 6-15）。

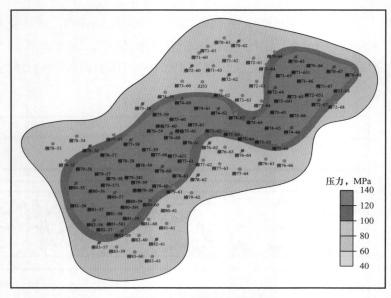

图 6-14　试验前压力分布图

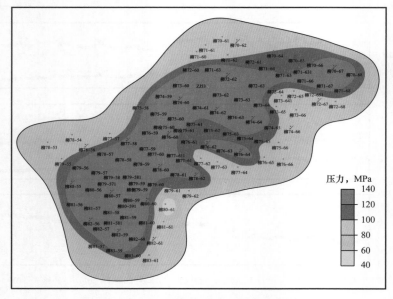

图 6-15　2015 年底试验区压力分布图

（2）试验区整体水驱动用程度由试验前的 60.0% 上升到 2019 年 10 月 31 日的 66.8%，其中 6 口可对比井平均单井吸水厚度增加 0.83m，水驱动用程度由 60.0% 上升到 2019 年 10 月 31 日的 65.7%，剖面吸水状况明显变好。

（3）平面调驱效果变好，主侧向压差逐年减小，平面高渗透通道封堵。试验区主向井压力由 17.6MPa 下降到 15.8MPa，侧向井压力由 13.0MPa 上升到 14.9MPa，主侧向压差明显减小，表明空气泡沫驱具有较好的平面调驱能力。根据特殊动态监测资料结合见效井生产动态认为，空气泡沫驱后水驱优势通道得到有效封堵，弱势方向油井逐步见效。水质分析显示，试验后主向井采出水矿化度增高，侧向井矿化度降低；说明泡沫驱封堵了相对高渗透通道，扩大了侧向波及体积。

试验区含水与采出程度关系曲线（图 6-16）显示往曲线右边偏转，说明含水上升趋势得到有效遏制，见效油井 60 口，见效率 95.2%，平均单井日增油峰值 0.35t，截至 2019 年 10 月 31 日试验后阶段累计增油 $7.2 \times 10^4$t，提高采收率发展趋势良好，预测区采收率可提高 10.21%。试验区产量递减率由 22.2% 下降到 -0.87%，侧向井阶段递减逐渐下降；含水上升率由 13.6% 下降至 0.6%，主向井含水上升速度大幅降低。

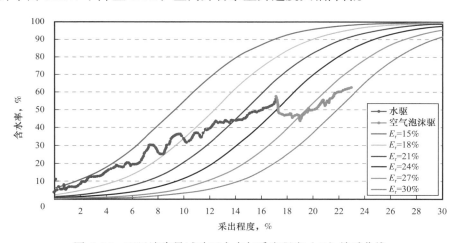

图 6-16　五里湾先导试验区含水与采出程度（$E_r$）关系曲线

## 二、吐哈油田鲁克沁玉东减氧空气驱工业化试验

### 1. 项目基本情况

吐哈油田鲁克沁减氧空气泡沫驱工业化试验区位于鲁克沁油田三叠系油藏中区，由玉东 203 区块和玉东 204 区块组成。

（1）玉东 203 试验区块概况。

该实验区含油面积 0.938km²，地质储量 $734.84 \times 10^4$t。平均渗透率 137.5mD，油层埋深 2500～3100m，平均油层厚度 80.6m，地层原油黏度 286mPa·s，地层温度 81℃，地层

水矿化度 $10 \times 10^4 \sim 17.5 \times 10^4 mg/L$，油藏属于断块型、超深层普通稠油油藏。

玉东 203 块采用减氧空气泡沫驱技术，试验区 13 注 39 采，其中先导试验区 4 注 19 采，2015 年 4 月开始注入；扩大区 9 注 20 采，2016 年 5 月开始注入。泡沫驱总段塞 0.2PV，气液比 1:1，液气交替注入，周期 10 天，气体使用减氧空气（5% 含氧量），先导区注气/注液压力等级为 42MPa/35MPa，扩大区注气/注液压力等级为 50MPa/35MPa，平均单井日注泡沫液 38m³ 左右，平均单井日注减氧空气 7600m³ 左右。

（2）玉东 204 试验区块概况。

该实验区含油面积 1.29km²，地质储量 875.7 × 10⁴t，平均渗透率 64.5mD，油顶埋深 2780 ~ 3030m，平均油层厚度 90m，地层原油黏度 200 ~ 300mPa·s，地层温度 85℃，地层水矿化度 $8 \times 10^4 \sim 10 \times 10^4 mg/L$。油藏属于单斜断块型、超深层普通稠油油藏。

玉东 204 块采用减氧空气泡沫驱 + 注气吞吐技术，试验区 29 注 77 采，其中一期区块 12 注 44 采，2017 年 6 月开始注入；二期区块 17 注 33 采，2018 年 1 月开始注入。泡沫驱总段塞 0.45PV，气液比 1:1，液气交替注入，周期 10 天，气体使用减氧空气（5% 含氧量），注气/注液压力等级为 50MPa/35MPa，平均单井日注起泡液 27m³，平均单井日注减氧空气 5100m³。

### 2. 试验区生产情况

（1）玉东 203 块减氧空气泡沫驱 2019 年 13 口井注入，年注气 1438.4 × 10⁴m³、泡沫剂溶液 8.86 × 10⁴m³；试验阶段累计注气 6174.6 × 10⁴m³、起泡剂溶液 38.03 × 10⁴m³。进行减氧空气吞吐 14 口井 16 井次。玉东 203 区块泡沫驱实验效果较好，发挥了减氧泡沫驱提高波及体积和控含水的优势，显著改善了水驱开发效果，达到了增油降水的目标，玉东 203 块沫驱 29 口油井见效，见效率为 74%，区块含水由 77% 下降至 59.11%（图 6-17），日增油 32.1t，累计增油 10.3 × 10⁴t。吞吐 16 井次，见效率 93%，初期日增油 57t，累计增油 0.610.3 × 10⁴t。玉东 203 块试验区含水与采出程度关系曲线（图 6-18）表明可提高采收率 11.8%

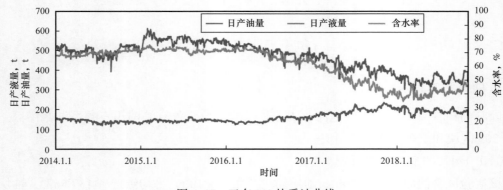

图 6-17　玉东 203 块采油曲线

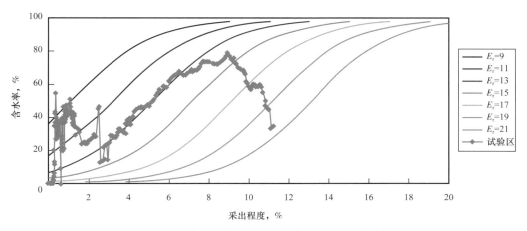

图 6-18  玉东 203 块试验区含水与采出程度关系曲线

（2）玉东 204 块减氧空气泡沫驱 2019 年 25 口井继续注入，年注注气 $1254.1 \times 10^4 m^3$、泡沫剂溶液 $20.58 \times 10^4 m^3$；试验阶段累计注气 $4778.5 \times 10^4 m^3$、泡沫剂溶液 $33.2 \times 10^4 m^3$；进行吞吐 18 口井 20 井次。玉东 204 区块见效时间慢于 203 区块，发挥了泡沫驱 + 注气吞吐叠加效应，显著改善了吞吐效果，达到了增长吞吐有效期，优化吞吐增油量的目标，玉东 204 块减氧泡沫驱 18 口油井见效，见效率 22%，日增油 14.9t，累计增油 $3.7 \times 10^4 t$。减氧空气吞吐 20 井次，吞吐见效率 93%，初期日增油 43.2t，累计增油 $0.72 \times 10^4 t$。

## 参 考 文 献

［1］ Kumar V K, Fassihi M R. Case History and Appraisal of the Medicine Pole Hills Unit Air Injection Project［J］. SPE Res. Eng., 1995, 10（3）: 198-202.

［2］ Gutiérrez D, Taylo A R, Kumar V K, et al. Recovery Factors in High-Pressure Air Injection Projects Revisited［J］. SPE Res. Eval. & Eng., 1997, 11（6）: 1097-1106.

［3］ Fassihi M R, Yannimaras D V, Westfall E E, et al. Economics of Light Oil Air Injection Projects［R］. SPE 35393, 1994.

［4］ Kumar V K, Gutierrez D, Moore R G, et al. Case History and Appraisal of the West Buffalo Red River Unit High-Pressure Air Injection Project［R］.SPE 107715, 2007.

［5］ 任韶然, 黄丽娟, 张亮, 等. 高压高温甲烷—空气混合物爆炸极限试验［J］. 中国石油大学学报（自然科学版）, 2020, 43（6）: 98-103.

［6］ 杨怀军, 潘红, 章杨, 等. 减氧对空气泡沫驱井下管柱的缓蚀作用及减氧界限［J］. 石油学报 2019, 40（01）: 99-107.

［7］ 廖广志, 吴浩, 王红庄, 等. 驱油用减氧空气制取技术优选［J］. 石油规划设计 2020, 31（03）: 29-32, 38.

# 第七章 空气火驱技术

近年来，井下点火技术日渐成熟。目前国内自主研制的大功率井下电加热器，不仅可以在原始油藏点火，还能在注蒸汽后低饱和度地层成功点火。新疆油田红浅 1 井区火驱现场试验采用电加热器点火 65 个井次，均一次点火成功。连续油管电点火器可实现带压起下，不仅能满足火驱的需要，还可以满足火烧吞吐开发需要。火驱地下燃烧状态和火线位置均可实现有效监测。同时火驱前缘调控理论和调控技术发展成熟，直井火驱技术实现了成熟配套，进入工业化推广阶段。

## 第一节　火驱点火技术

火烧油层技术成功的前提是实现油层成功点火，目前所采用的点火方式主要有自燃点火、化学点火、可燃气体点火和电加热点火。

### 一、自燃点火和化学点火

自燃点火直接向储层注入空气，利用原油和氧气的低温氧化反应放热加热储层，同时随着地层温度的逐渐升高，原油和氧气的反应速度也会随之增加，直到地层温度达到原油的自燃点时，地层原油被成功点燃。这种点火方式的优点是点火成本非常低，仅仅需要空气压缩的成本，不需要其他复杂的地面设备。化学点火是向储层之中注入易燃化学物质，随后注入空气，利用易燃物和氧气、易燃物自身发生的化学反应、热空气携带的热量对储层进行加热。自燃点火和化学点火优点：对井筒无要求，尤其是不需专门的井下设备和地面设施，化学反应产生的热量几乎不存在热量的损失、能对目的层集中加热、也不会对井下设备造成损害，点火过程不易掌握。为了提高化学点火的效果，先向油层注入一定量的蒸汽预加热油层，同时提高油层的温度有利于化学反应。辽河油田在早期应用过注蒸汽加化学剂点火。

加入催化剂和助燃剂可提高化学反应和点火的效果，如张守军[1]和袁士宝等[2]使用催化剂降低原油氧化反应活化能，加速氧化放热，常用的催化剂主要为碱（碱土）金属和过渡金属化合物的盐，其主要作用是通过金属阳离子的催化作用，降低原油的活化能和燃烧门槛温度。助燃剂的作用是利用其发生的氧化还原反应产生的热量提升储层的升温速度，其中助燃剂由镁粉、泥煤粉、酚醛树脂、六氯代苯、树脂胶、硝化棉、虫胶、硫黄、松香、硅铁中的几种混合组成，燃烧管验证助燃剂可以在240℃的条件下成功点燃油层。

## 二、可燃气体点火

可燃气体点火原理是将可燃气体（一般为天然气）与空气在井下混合燃烧，利用产生的热量加热油层，同时注入空气将油层点燃。该方法的工艺是通过油管下入燃烧室和连接燃烧室的管线，通过管线分别向燃烧室中注入可燃性气体和含氧气体，并通过火花塞点燃，同时注入空气，将燃烧室产生的热量从井筒运输到储层之中。可燃气体点火的特点是点火功率大，点火速度快。但设备和结构复杂，安全风险高；难于控制井下燃烧器的温度，容易导致井下设备的损坏。新疆油田在20世纪60年代曾研究使用可燃气体点火技术，随着电加热点火技术的发展，该技术使用较少。

## 三、电加热点火

电加热点火原理是通过在井筒内下入电加热器，由地面控制系统向点火器发热元件输送电能，发出点火需用的热量，将注入井筒的压缩空气加热至超过原油燃点的温度，高温空气进入地层与原油混合发生高温氧化反应从而点燃油层。这种点火方法与注入化学剂和燃气点火方法相比，操作简单且不需要危险的可燃性气体，能对井筒的温度进行更加精确地控制，是目前主流的点火技术。但是这种点火方式受到电力传输的约束，电流在井筒中远距离传输存在严重的能量损失。

电加热点火装置包括地面装置和井筒内装置两部分，地面装置主要有供电电源、测量和调试设备、点火器起下作业装置、井口密封装置、注空气管汇等几部分组成。井筒内装置主要有点火工艺管柱、点火器、电缆等组成。其核心部件主要是电点火器、点火电缆、监测与调控装置，以及地面作业和井口密封装置等几大部分。

电点火器其实是一个特制的电加热器。对电点火器要求有：点火器的功率、耐温能力、承压能力，同时点火器外形适应井身结构、施工作业等问题。因此，需要依据火驱油层的物性参数，特别是油层的燃点、地层压力以及井身结构参数行设计和选择。为满足在给定注气量条件下点燃油层，点火器的发热功率应确保其出口的空气温度大于油层燃点，再考虑到点火器的发热效率和附加余量等因素，便可确定点火器的额定功率大小和耐温级别。

图7-1是新疆油田较为常用的固定式电加热点火器点火工艺示意图，其发热结构采用电热管，内部结构为三管形式，耐温一般为600℃，功率50kW，点火器的热端和冷端（接线端）设有温度监测传感器。这是初期研制的点火设备，点火器和电缆一次性使用，相对成本较高。近几年来，随着新材料和新工艺的使用，使电点火器的结构优化和技术性能指标都达到了一个更高的水平。比如用新型矿物发热缆制造的移动式点火器，功率密度大幅

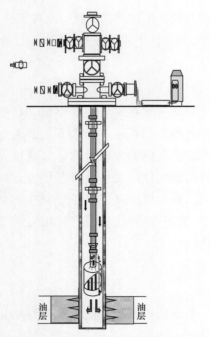

图7-1　固定式电加热点火器点火工艺示意图

提高，与50kW相同功率的电热管点火器相比，体积仅为其1/10，可从油管内带压提下。图7-2是移动式点火器点火工艺设备示意图。

点火电缆的功能是向井下点火器传输电能，同时将井下温度监测信号传输至地面用于调节注气速度和电功率。新疆油田利用复合铠装电缆将点火器与点火电缆合成研制连续管一体式点火器，点火功率达到150kW，耐压35MPa，耐温800℃，一次成型可适应井深为2000m。设计一体式车载点火装备如图7-3所示，体现先进的设计理念"模块化、自动化、标准化、高度集成化"。集成点火器模块、监测与控制模块、动力模块、承载模块、电缆收卷模块、高压防喷模块六大模块，于一个车载平台。实施点火作业无需其他辅助设备、机动性好，过程自动监控、带压提下。

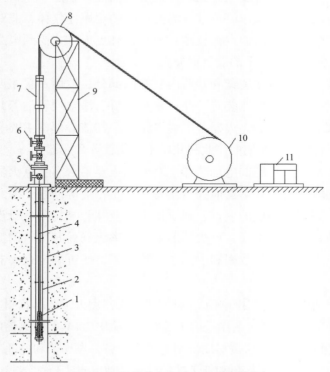

图7-2　移动式点火器点火工艺设备

1—点火器；2—油管柱；3—套管；4—点火电缆；5—井口装置；6—井口装置顶阀；
7—防喷管；8—电缆滚轮；9—支撑井架；10—电缆绞车；11—点火控制装置

图7-3　新疆油田研发的一体式车载点火装备

# 第二节　火驱动态监测与调控技术

## 一、火驱过程监测技术

火驱过程监测是油层燃烧状况的判断和分析的直接依据，是生产运行安全的保障，环境保护的需要。火驱监测主要包括温度、产出气组分及油、水的物理化学性质。

### 1. 生产井井下温度与压力监测

生产井井下温度、压力的动态监测用于了解油层火线运动方向和推进速度、为分析地层供液能力和火驱生产管理提供依据（图7-4）。

火驱井下高温、腐蚀及高产气复杂工况是火驱温度及压力监测的难点。生产井井下温度、压力测试可采用热电偶测温与毛细管测压的组合方式，也可用电子温度压力计测试。前者耐温较高，但测试系统较复杂；后者能同时测温测压，便于读取和储存数据，且工艺较简单，费用较低。技术的关键是研制适应火驱工况下，能将测试传感器安装在井下的结构和施工工艺。新疆油田火驱先导试验研发了适应复杂工况的火驱井下温度与压力监测系统。研制井下仪器密封、防脱、锁紧装置，确保组合测试缆、井下仪器的长期密封性；优选材质满足了火驱温度、压力长期监测过程中，次生腐蚀性产出物对井下仪器的腐蚀，适应火驱生产井井下高温、气量大、腐蚀及间歇出液的恶劣工况；研究测试缆预制工艺和适应火驱工况下密封装置，确保测试缆接线端多组信号线之间的绝缘，实现井下多点温度、单点压力的长期动态监测；研制了井口悬挂、密封装置及特殊防喷管结构，确保测试缆和井下仪器的长期入井服役和维护的便利性，避免了监测过程中有毒有害气体对现场操作人员造成伤害，实现了不压井提下作业。通过软件分时采集，避免了井下温压传输信号之间的干扰及滤波技术提高了地面仪表抗干扰能力。满足火线前沿在产层中各小层的长期、动态准确监测，利用多点测温、测压，反映火驱燃烧温度剖面，温压监测系统可实现不压井提下测试电缆作业工艺。耐温≤800℃，耐压≤15MPa。

### 2. 火驱产出气体监测方法

为保障火驱安全生产，必须建立在现场工况条件下火驱特征气体氧气、二氧化碳、一氧化碳的快速监测方法，满足火驱现场需要。采用便携式气体分析仪，氧气和一氧化碳电化学传感器、二氧化碳为红外吸收法。氧气测量范围为0.3%～21%，一氧化碳为0.2%～6.3%，二氧化碳测量范围为0.2%～20%，气体现场监测方法测试工艺流程如图7-5所示，现场检测设备体积小、质量轻，便于携带，满足在现场巡井监测要求，实现现场2min内完成。

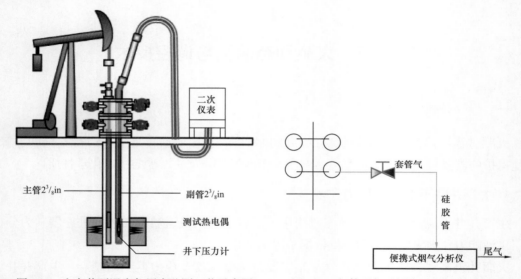

图7-4　生产井下温度与压力监测工艺示意图　　图7-5　气体现场监测方法测试工艺流程

为判断油层燃烧状态，数值模拟研究和分析调控注采参数提供依据，建立火驱产出气体室内全组分气相色谱分析方法。由于火驱气体复杂，为提高灵敏度和抗干扰能力，研究以氩气为载气，消除对$O_2$干扰同时建立氢气的分析方法，实现火驱气体的$O_2$，$CO_2$，$CO$，$N_2$，$CH_4$和$H_2$全组分分析，如图7-6所示。

工业化试验设置了在线监测，按设计井位布点，数据自动采集、远程监控与传输。对原油的黏度、密度、馏分、组分进行检测分析，采用相关标准方法进行。原油黏度采用RS150流变仪测试粘温曲线，原油密度采用石油密度计按照GB/T 1884—2000《原油和液体石油产品密度实验室测定法（密度计法）》标准进行测试，组分分析采用层析的方法按照SY/T 5119—2016《岩石中可溶有机物及原油族组分分析》。

基于火驱过程储层介质和温度变化规律，建立火驱储层分区带电阻率模型，创建了电位法监测火线前缘方法，用于监测火驱生产过程中火线前缘位置，直接了解火线前缘发育状况和扩展速度，为生产调控提供直接依据，在一定程度上缓解地层非均质性对火线发育造成的影响。

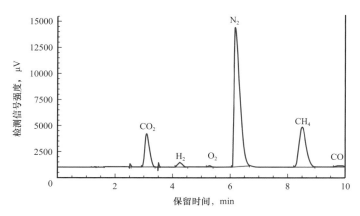

图 7-6　火驱气体气相色谱分析图

## 二、各向均衡推进条件下的火线调控

对于各注采井距相等的多边形面积井网（如正方形五点井网、正七点井网），当各生产井产气速度相同时，燃烧带为圆形。可以依据式（7-1）推测和控制火线推进半径。在这种情况下，火线调控的措施重点放在注气井上。矿场试验着重关注两点：一是设计注气井逐级提速的方案，即在火驱的不同阶段以阶梯状逐级提高中心井的注气速度，以控制各阶段的火线推进速度，实现稳定燃烧和稳定驱替；二是通过控制注采平衡关系，维持以注气井为中心的空气腔的压力相对稳定，以确保地下稳定的燃烧状态。在通常情况下，即使采用各注采井距相等的多边形面积井网，各生产井产气速度也很难相等。这种情况下如果要维持火线向各个方向均匀推进，就必须使各方向生产井的阶段累计产气量相等。矿场试验过程中要对产气量大的生产井实施控产或控关，要对产气量特别小的生产井实施助排引效等措施，如小规模蒸汽吞吐等。

## 三、各向非均衡推进下的火线调控

矿场试验中往往希望火线在某个阶段能够形成某种预期的形状，这时调控所依据的就是"通过烟道气控制火线"的原理，即通过控制生产井产出控制火线形状。这里以新疆油田某井区火驱矿场试验为例，论述按油藏工程方案要求控制火线形状的方法。

该试验区先期进行过蒸汽吞吐和蒸汽驱，火驱试验充分利用了原有的蒸汽驱老井井网，并投产了一批新井，最终形成了如图 7-7 所示的火驱试验井网。该井网可以看成是由内部的一个正方形五点井组（图中虚线所示的中心注气井加上 2 井、5 井、6 井、9 井），和外围的一个斜七点井组（中心注气井加上 1 井、3 井、4 井、7 井、8 井、9 井、10 井）构成。五点井组注采井距为 70m，斜七点井组的注采井距分别为 100m 和 140m。

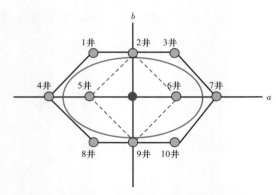

图 7-7　新疆油田某井区火驱试验井网及预期火线位置

油藏工程方案设计最终火线的形状如图中所示的椭圆形，且火线接近内切于 1 井—3 井—7 井—10 井—8 井—4 井几口井所组成的六边形。即使面积火驱结束时椭圆形火线的长轴 a 和短轴 b 分别接近 130m 和 60m。

$$R_i = \sqrt{\dfrac{360\eta}{\alpha_i \pi h A_0}} \times \sqrt{Q_i} = k_0 \sqrt{Q_i} \tag{7-1}$$

式中　$R_i$——火线沿第 $i$ 口井方向推进的距离，m；

　　　$\eta$——氧气利用率；

　　　$Q_i$——第 $i$ 口井烟道气量，$m^3$；

　　　$\alpha_i$——第 $i$ 口井生产井的生产分配角；

　　　$h$——油层平均厚度，m；

　　　$A_0$——燃烧釜实验测定的单位体积油砂消耗空气量，$m^3/m^3$；

　　　$k_0$——常数。

根据式（7-1），火线向任一生产井方向的推进半径与该生产井累计产气量的平方根成正比。

要实现图 7-7 中红线所圈定的火线形状，首先必须满足产气量对称性要求，即：

$$\begin{cases} Q_4 + Q_5 = Q_6 + Q_7 \\ Q_2 = Q_9 \\ Q_1 = Q_3 = Q_8 = Q_{10} \end{cases} \tag{7-2}$$

同时还必须满足：

$$\frac{a}{b} = \sqrt{\dfrac{\sum\limits_{i=1}^{N} Q_{ia}}{\sum\limits_{i=1}^{N} Q_{ib}}} = 2.17 \tag{7-3}$$

式中 ● $\sum\limits_{i=1}^{N} Q_{ia}$ ——$a$ 轴方向生产井总的产气量，$m^3$；

● $\sum\limits_{i=1}^{N} Q_{ib}$ ——$b$ 轴方向生产井总的产气量，$m^3$。

由式（7–3），有：

$$Q_6 + Q_7 + \frac{1}{2}(Q_3 + Q_{10}) = 2.17^2 \times \left[ Q_2 + \frac{1}{2}(Q_1 + Q_3) \right] \qquad (7-4)$$

综合式（7–3）和式（7–4），有：

$$\begin{cases} Q_6 + Q_7 = 4.7Q_2 + 3.7Q_3 \\ Q_4 + Q_5 = 4.7Q_9 + 3.7Q_8 \end{cases} \qquad (7-5)$$

即长轴方向生产井累计产气量要达到短轴方向生产井累计产气量的 4～5 倍，才能使火线形成预期的椭圆形。矿场试验过程中，应该以此为原则控制各生产井的产气量。

需要指出的是，上面算式中出现的产气量均为各生产井的累计产气量。由于各井的生产周期不同，在不同阶段的各井产气速度则不一定严格按式（7–5）控制。图 7–7 中当火线越过 5 井和 6 井后，这两口井就处于关闭停产状态，该方向就只有 4 井和 7 井生产。考虑到 5 井和 6 井的产气时间要远小于其他各生产井，为了实现图中火线推进形状，在火驱初期更应加大 5 井和 6 井的产气量，后期则应加大 4 井和 7 井两口井的产气量。矿场试验中对生产井累计产气量调控的方法主要包括"控"（通过油嘴等限制产气量）、"关"（强制关井）、"引"（蒸汽吞吐强制引效）等。通常控制时机越早，火线调整的效果越好。

# 第三节 火驱矿场试验

## 一、新疆红浅火驱先导试验

新疆油田稠油开采始于 20 世纪 80 年代初，主体技术注蒸汽热采，主体区块已进入开发后期，采出程度平均 24.6%，油汽比为 0.11 以下，含水 85% 以上，有些老区含水高达 95% 以上，能耗大、油汽比低、经济效益差，无法继续采用注蒸汽开采，亟需转变开发方式。

新疆油田在红浅 1 井区开展火驱先导试验，2009 年底现场点火。设计部署 4 个井排、总井数 55 口，井距 70m，排距 70m，目的层侏罗系八道湾组，试验区含油面积 0.28km²，动用地质储量 42.5×10⁴t。预测采收率提高 36.2%，最终采收率 65.1%。图 7–8 所示为红浅火驱先导试验部署图。

红浅 1 井区八道湾组目的层底部构造为受断裂控制的东倾单斜，地层倾角 4°～8°，没有断层发育。目标区含油岩性为砂岩、含砾不等粒砂岩，胶结程度较低，孔隙度 25.4%，渗透率 820mD，原始含油饱和度 67%。油层厚度 4.0～18.5m，平均 9.6m。纵向连续性和平面连通性好，层内夹层厚度小，不连续，油层比较集中，油层系数 0.65，顶底部泥岩层较发育，盖层厚度 5～18m。埋深 550m，原始地层压力 6.4MPa，已开发 10 年多，目前地层压力在 4MPa 以下。原油平均密度 0.938g/cm³；20℃时平均黏度为 9000mPa·s。

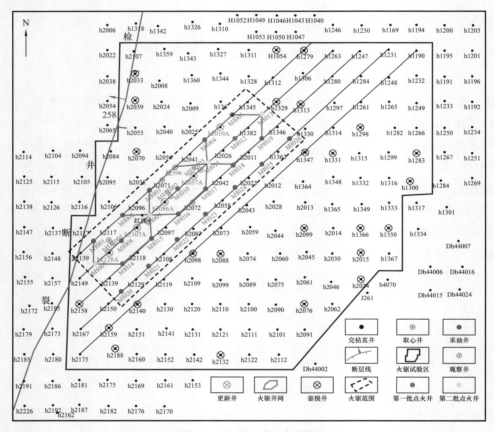

图 7-8　红浅 1 井区部署图

试验区以月平均产油水平表示的生产曲线如图 7-9 所示。1991 年 7 月至 1997 年 7 月蒸汽吞吐阶段，阶段末油汽比 0.11，含水 86.8%。1997 年 8 月至 1998 年 12 月蒸汽驱阶段，阶段末单井日产油 0.12t，油汽比 0.03。含水 96.8%；1999 年 11 月至 2009 年 11 月停产 10 年。注蒸汽开发 8 年累计产油 8.17×10⁴t，采出程度 28.9%。2009 年进行火驱开采试验，重新打开。截至 2018 年 12 月，日产油量平均 29.7t，综合含水 64.9%，日注空气 9.2×10⁴m³，累计增油 14.7×10⁴t，累计注空气 4.1×10⁴m³，累计空气油比 2789m³/m³，阶段采出程度提高 34.6%，火驱采油速度 3.8%。实现注蒸汽后期濒临废弃油藏转火驱再开发，建成 $30 \times 10^4$ t/a 工业化生产能力，吨油能耗和 $CO_2$ 排放比注蒸汽分别下降 91% 和 38%。达到了同类油藏世界领先的开发水平。

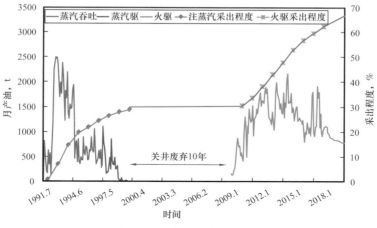

图 7-9　试验区生产运行曲线

（1）保持高温燃烧特征，长期监测的温度观察井有 h2071 井、hH 观 001 井及 h2072 井三口井，其中 h2071 井展现出高温时段（400℃），现场监测到最高井底温度 739℃，呈现高温燃烧，伴随湿式特征。图 7-10 所示为 h2071 井监测温度。

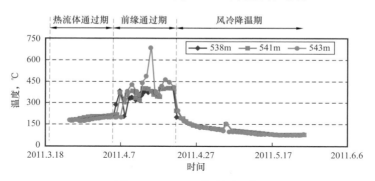

图 7-10　h2071 井监测温度

（2）如图 7-11 先导试验区产出气体组分曲线所示，产出气体 $CO_2$ 含量一直保持 15% 左右，CO 含量小于 0.15%，$O_2$ 含量小于 0.3%，氧气利用率大于 97%；发现原油有过明显改质。初期生产随烟道气通道产出的原油中饱和烃上升，芳香烃、胶质、沥青质含量下降；有一生产井的原油黏度大幅度下降，从 16500mPa·s 下降到 3381mPa·s。

（3）在火驱过区域钻井取心岩矿变化显著，与燃烧前对比，顶部和底部的泥岩段被火驱高温烘烤呈现黑色；砂岩、砂砾岩变为砖红色。纵向上火驱高温作用，使得低于蒸汽开发下限的差油层得到了动用，纵向表现出"无差别"燃烧特征，波及系数达到 91%（图 7-12）。

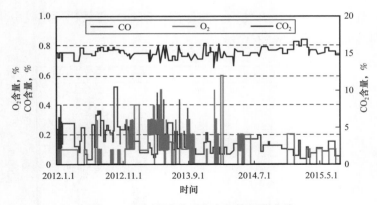

图 7-11　先导试验区产出气体组分曲线

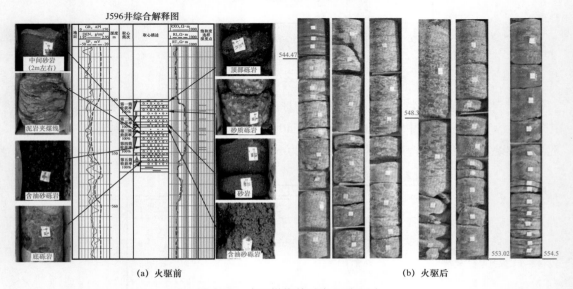

（a）火驱前　　　　　　　　　　　　　　　（b）火驱后

图 7-12　火驱燃烧前后岩心对比图

火驱节能减排效果。火驱技术不仅能够实现增油降水，而且具有节能减排的作用。不考虑地层燃烧消耗原油，火驱开采单位产量能耗大约为 0.1t 标煤，吨油 $CO_2$ 排放当量为 1.3t。截至 2018 年 12 月，试验区累计产油 $14.9 \times 10^4$t，节能 $16.39 \times 10^4$t 标准煤，减少 $CO_2$ 排放量 $10.8 \times 10^4$t。

利用先导试验在红浅 1 井区八道湾组进行火驱工业化开发试验（图 7-13）。工业化试验方案设计注气井总井数 75 口，采油井总数 863 口，稳定生产空气油比为 $2000 \sim 4000$m³/m³，累积空气油比为 2950m³/m³。八道湾组火驱开发生产 20 年，上返齐古组接替开发，火驱生产 20 年，火驱阶段累计产油 $223.0 \times 10^4$t，年平均产油量 $11.1 \times 10^4$t，火驱阶段采出程度 34.3%，空气油比 3230m³/m³，最终采收率 50.9%。八道湾加齐古组火驱开发，火驱生产 26 年，动用地质储量 $1520 \times 10^4$t，火驱阶段累计产油 $507.3 \times 10^4$t，年平均产油量 $19.5 \times 10^4$t，高峰期年产油量 $32.8 \times 10^4$t，阶段采出程度 33.4%，空气油比 3170m³/m³，最终采收率 59.1%。

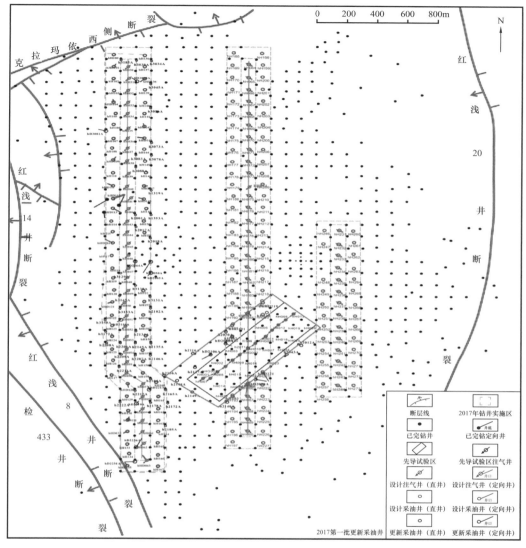

图 7-13　红浅火驱工业化开发部署井位图

2018 年开始点火，目前已火驱效果，处于火驱见效初期阶段。

新疆油田适合火驱开发一类地质储量 $1.5 \times 10^{8}$t，转火驱将新增可采储量 $3293 \times 10^{4}$t。火驱技术的推广应用将为新疆油田稠油持续稳产提供强力技术支撑，对提升企业科研实力、促进边疆地区长治久安具有重要意义，应用前景广阔。

## 二、杜 66 块多层火驱

曙光油田杜 66 块开发目的层为古近系沙河街组沙四上段杜家台油层。顶面构造形态总体上为由北西向南东方向倾没的单斜构造，地层倾角 5°～10°。储层岩性主要为含砾砂岩及不等粒砂岩，孔隙度 26.3%，渗透率 774mD，属于中高孔隙度、中高渗透率储层。油层平均有效厚度 44.5m，分为 20～40 层，单层厚度 1.5～2.5m，20℃原油密度为 0.9001～0.9504g/cm³，油层温度下脱气油黏度为 325～2846mPa·s，为薄—中互层状普通稠油油藏。

杜 66 块于 1985 年采用正方形井网、200m 井距投入开发，经过两次加密调整井距为 100m，主要开发方式为蒸汽吞吐。2005 年 6 月开展 7 个井组的火驱先导试验；2010 年 10 月，又扩大了 10 个试验井组；2013 年又规模实施 84 个井组，现有火驱井组达到 101 个。

### 1. 火驱油藏工程设计要点

针对杜 66 块上层系火驱的规模实施，2013 年编制了《杜 66 断块区常规火驱开发方案》，方案设计要点如下：

（1）层段组合。上层系划分为杜 $I_1$+ 杜 $I_2$ 和杜 $I_3$+ 杜 $II_1$ 两段。组合厚度 6～18m，稳定隔层厚度大于 1.5m。

（2）井网井距。主体部位采用 100m 井距的反九点面积井网，边部区域采用 100m 井距的行列井网。

（3）点火方式。电点火，点火温度大于 400℃。

（4）燃烧方式。以干烧为主，适时开展湿烧试验。

（5）注气速度。初期日注 5000m³；注气速度每月增加 500～1000m³/d；最高日注 $2 \times 10^4$m³。

（6）油井排液量：15～25t/d。

### 2. 实施效果

杜 66 块杜家台油层上层系自 2005 年 6 月开展火驱先导试验、扩大试验和规模实施（图 7–14），截至 2016 年 6 月，已转注气井 101 口，其中开井 76 口，油井 508 口，其中开井 321 口，日注气 69.82×10⁴m³，综合含水 80.8%，火驱阶段累计产油 100.1×10⁴t，累计注气 91165×10⁴m³，瞬时空气油比 1592m³/t，累积空气油比 912m³/t，从各项开发指标看取得了较好的开发效果。

（1）火驱产量有所上升，空气油比持续下降。

火驱日产油从转驱前的 478.1t 上升到 735.3t，平均单井日产油从 1.4t 上升到 2.3t，开井率由 25%～44% 提高到 71%～82%。空气油比从转驱初期的 2565m³/t 下降到 852m³/t。

（2）地层压力稳步上升，地层温度明显上升。

地层能量逐渐恢复，地层压力由 0.8MPa 上升到 2.7MPa。水平井光纤测试温度从 48～70℃上升到 135～248℃。

（3）多数油井实现高温氧化燃烧。

根据产出气体组分分析，$CO_2$ 含量 14.3%～16.9%，氧气利用率 85.7%～91.3%，视氢碳原子比 1.8～2.3，$N_2/CO_2$ 比值 4.6～5.2，69.5% 油井符合高温氧化燃烧标准。

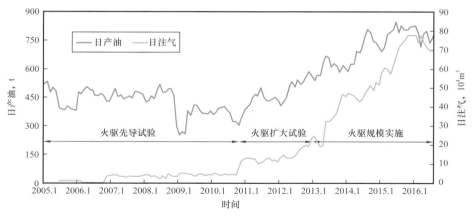

图 7-14 杜 66 块火驱生产曲线

## 三、高 3-6-18 块立体火驱

### 1. 概况

高 3-6-18 块位于高升油田鼻状构造的东北翼,南邻高 3 块,北接高 3-6-24 块,东靠中央凸起。含油层系为古近系沙河街组沙三段下莲花油层,开发目的层为主力油层 $L_5$ 和 $L_6$ 砂岩组,油藏埋深 1540~1890m,主要含油岩性为含砾不等粒砂岩和砂砾岩,分选差,为中—高孔隙度、高渗透率储层,油层平均有效厚度 103.8m,纵向集中发育;20℃平均脱气原油密度 0.955g/cm³,50℃平均脱气原油黏度 3500mPa·s,油藏类型为厚层块状普通稠油油藏。2013 年对该块进行了储量复算,复算含油面积 1.06km²,$L_5$+$L_6$ 石油地质储量 1030×10⁴t。

高 3-6-18 块于 1986 年采用正方形井网、210m 井距投入蒸汽吞吐开发,1992 年加密成 150m 井距,1998 年加密成 105m 井距,2008 年 5 月 $L_5$ 砂岩组开展行列火驱先导试验,2010 年扩大火驱规模,目前火驱注气井 25 口,其中:$L_5$ 注气井 20 口,以火驱开发为主;$L_6$ 注气井 5 口,以蒸汽吞吐开发为主。

### 2. 火驱油藏工程设计要点

随着蒸汽吞吐开发生产时间加长,地层压力下降,单井日产油、油汽比下降,经济效益变差。2008 年通过论证,认为除了油层厚度巨厚外,其他条件均满足火驱条件,因此,决定在高 3-6-18 块开展火驱先导试验,分别于 2008 年和 2009 年编写了《高 3-6-18 块火驱先导试验方案》和《高 3-6-18 块火驱开发方案》,2013 年编制了《高 3-6-18 块 ODP 调整方案》。历次方案设计要点如下:

(1)高 3-6-18 块火驱先导试验方案设计要点。

① 采用干式正向燃烧方式进行火驱。

② 点火方式为电点火。

③ 点火温度 450～500℃。

④ 点火时间 5～9 天（点火器电功率 60kW）。

⑤ 油井全井段射开，注气井射开 $L_5^1$，射开厚度 9～11m。

⑥ 采用 105m 井距，行列井网，高部位到低部位"移风接火"火驱开发。

⑦ 初期井口注气压力 9MPa（井底注气压力 3～4.5MPa），最大排液量 40m³/d；对连通性好的高产井，要调节油井的工作制度；对低产井要及时采取增产疏通措施。

⑧ 采用变速注气方式注气，初期注气速度 3000m³/d［通风强度 1.93m³/（m²·h）］，随着加热半径的增加，注气速度每月调整一次，设计注气速度每月增加 1000m³/d，单井最高注气速度为 $3×10^4$m³/d，实施过程中应根据动态监测资料和油井产量进行相应的调整。

（2）高 3-6-18 块火驱开发方案设计要点。

① 燃烧方式：干式正向燃烧。

② 井网井距：采用 105m 井距行列井网，注采井距 105～210m，"移风接火"的方式实现连续火驱。

③ 开发层系及射孔层位：采用两套注气层系火驱开发，$L_5$ 和 $L_6$ 砂岩组注气井分别分两段射孔，分层注气；$L_5$ 和 $L_6$ 砂岩组注气井分别射开 $L_5^{1+2}$ 和 $L_5^{3+4}$ 下部 1/2～2/3，$L_6^{1+2+3}$ 和 $L_6^{4+5+6}$ 下部 1/2～2/3，油井射开对应层段下部的 2/3。

④ 点火方式：电点火。

⑤ 点火温度：450～500℃，最好大于 500℃；点火时间：9～18 天（点火器电功率 60kW，对应油层厚度 15～30m，预热半径 0.6～0.8m）。

⑥ 采用变速注气的方式注气，初期单井注气速度 5000～7000m³/d，折算单位截面积通风强度 1.93m³/（m²·h），注气速度每月调整一次，设计单井注气速度每月增加 3000～4000m³/d，火线推进距离至注采井距的 70% 时，注气速度不再增加，最高注气速度 30000～40000m³/d。实施过程中可根据动态监测资料和动态分析资料进行相应的调整。

⑦ 油井排液量控制在 15～25m³/d。对连通性好的高产井，要调节油井的工作制度；对低产井要及时采取增产疏通措施。

（3）《高 3-6-18 块调整方案的编制》设计要点。

① 层系：$L_5$ 和 $L_6$ 两套，根据油层、夹层和隔层组合特点，在层系内细分开发单元。

② 井型和立体火驱方式：夹层发育区采用直井井网火驱；夹层不发育处，连续油层厚度 20～50m 采用单水平井直平组合侧向火驱，连续油层厚度大于 50m 采用双叠置水平井直平组合侧向火驱。

③ 井网井距：直井井网采用目前行列井网、井距 105m；直平组合井网，注气直井与水平井侧向水平距离 50m，水平井位于组合单元油层底部。

④ 直井井网火驱：注气井射开单元下部 1/2、油井射开单元下部 3/4，最高注气速度 30000～40000m³/d，排液量大于 10t/d。

⑤直平组合井网火驱，水平井长度 300～400m，侧向部署 3～4 口注气井，注气井射开组合单元上部 1/4～1/3，注气速度为 40000m³/d 左右。

这期间还开展了一系列研究，如：2010 年开展了"高 3-6-18 块直平组合侧向火驱可行性研究"，2012 年完成了《高 3-6-18 块直平组合侧向火驱先导试验方案》，2013 年开展了"高 3-6-18 块火驱效果及主控因素研究"、2014 年开展了"高 3-6-18 块火驱跟踪分析与直平组合关键参数优化研究"等。

### 3. 实施效果

高 3-6-18 块于 2008 年 5 月 5 日开展火驱先导试验（2008 年 5 月至 2010 年 10 月），由先导试验 3 口井逐步扩大为目前的 20 口井，火驱日产油由 84.5t 上升到 133.4t，阶段最高日产油 230.7t，火驱阶段提高采出程度 7.26%，火驱产量占区块总产量的 83.1%，成为区块的主力开发方式。截至 2016 年 6 月底，$L_5$ 砂岩组注气井 20 口，开井 8 口，$L_6$ 砂岩组注气井 5 口，开井 2 口；油井 119 口，开井 77 口，全块日注气 $10.1 \times 10^4 m^3$，日产液 457.9t，日产油 133.4t，日产气 $7.4 \times 10^4 m^3$，综合含水 70.8%，累计注气 $38534.4 \times 10^4 m^3$，累计产液 $109.8 \times 10^4 t$，累计产油 $45.1 \times 10^4 t$，累计产气 $25769.6 \times 10^4 m^3$，瞬时空气油比 1070m³/t。图 7-15 所示为高 3-6-18 块 $L_5$ 火驱试验井组生产曲线。

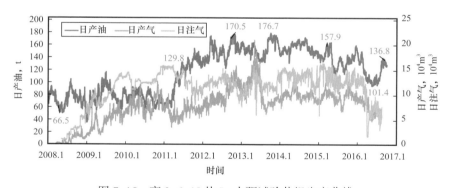

图 7-15　高 3-6-18 块 $L_5$ 火驱试验井组生产曲线

（1）区块产量上升。

火驱年产油从 2008 年的 $1.875 \times 10^4 t$ 上升到 2015 年的 $6.162 \times 10^4 t$。

（2）单井取得了较好的火驱效果。

根据实际油井生产过程中温度、尾气、产量及见效时间的不同，制定了高 3-6-18 块油井分类标准，将第一批见效油井分成三类，Ⅰ类典型井 10 口，平均单井累计产油 8325t，平均单井年产油 1041t；Ⅰ类 + Ⅱ类典型井 21 口，平均单井累计产油 6699t，平均单井年产油 837t，火驱阶段最高单井累计产油 10322t。

（3）地层压力得到了补充，地层温度明显升高，尾气指数高温燃烧特征明显，实现了高温氧化燃烧。

地层压力得到了补充，地层压力从0.89MPa上升到3.9MPa，上升了3.01MPa。油井监测地层温度从55～60℃上升到120～316℃，注气井监测地层温度从180～220℃上升到320～549℃；$CO_2$含量从5%～6%上升到15%～20%，气体GI指数从0.4上升到0.8以上，表现为高温氧化燃烧特征。

表7-1 高3-6-18块油井分类标准

| 油井分类 | 油井监测最高温度，℃ | $CO_2$含量，% | 稳产阶段日产油，t/d | 见效时间，mon |
|---|---|---|---|---|
| Ⅰ类井 | 181～317 | >12 | >4.0 | 12～15 |
| Ⅱ类井 | 88～168 | >12 | 3 左右 | 18～20 |
| Ⅲ类井 | 60～102 | <12 | 2.0 左右 | 40～42 |

（4）注气井间形成了油墙，井间加密井效果好。

注气井井间富油区加密井日产油大于10t生产了4个月，目前生产3年，累计产油7130t，平均年产油2377t。

根据火驱以来见效井比例及燃烧波及状况分析，火驱尚有不足之处，体现在以下4个方面：① 火驱Ⅰ类井少，仅占开井数的15.9%，单井日产油低，只有4t左右。② 纵向上燃烧前缘向上覆高渗透层超覆严重，纵向燃烧率低，动用程度只有34%；平面上燃烧前缘沿主河道推进速度快，波及范围小，平面波及半径小于80m。③ 燃烧前缘在地质体中推进，不受射孔层位和小层限制，燃烧前缘沿主水道、储层物性好、亏空大的方向呈舌状推进，主河道推进速度快，火窜、气窜严重，个别注气井、油井射开下部油层对整体向下拉火线作用不显著、对沿高渗透层燃烧的抑制作用也不理想。④ 火驱从初期的较均匀燃烧退变成上部主力高渗透层燃烧好，平面燃烧宽度及纵向燃烧厚度有逐渐减小的趋势，对于吞吐开发后期的厚层块状油藏，火驱调控难度大。

从近几年的研究结果看，平面燃烧宽度及纵向燃烧厚度小，火驱波及体积不到50%，对于吞吐开发后期的厚层块状油藏，按现有方式火驱调控难度大。只有开展二次开发才有望提高平面和纵向动用程度，改善目前生产状况。

## 四、新疆风城油田火驱辅助重力泄油（CAGD）矿场试验

### 1. 试验区油藏概况

试验区位于新疆风城油田重18井区北部，试验区目的层为侏罗系齐古组的$J_3q_2^{2-3}$层，平均油藏埋深215m。油层有效厚度为9.3～17.9m，平均13.4m，平面上连通性好。油层上面为厚度5.5～16.0m的致密泥岩、泥质砂岩及砂砾岩，具有良好的封闭性。储层岩性

为中细砂岩，分选较好。胶结类型以接触式为主，多为泥质胶结、胶结疏松。目的层孔隙度为 28.5%～31.7%，平均 30.0%。渗透率 599～1584mD，平均 900mD，属高孔隙度、高渗透率、高含油饱和度储层。原始地层温度 18.8℃，原始地层压力 2.60MPa。油藏原油密度为 0.96～0.97g/cm³，地层油黏度 20×10⁴mPa·s，原油凝固点 18.9℃，在地下不具备流动能力。

CAGD 先导试验先期部署 4 个井组（FH003，FH004，FH005 和 FH006），设计水平段长 500m，水平井与水平井之间的距离为 70m，每个井组的垂直注气井与水平生产井之间最短距离为 3m，如图 7-16 所示。最先点火的是 FH003 井组，水平井眼轨迹测试实际水平段长度 550m，实际钻遇油层的纵向连续厚度平均为 9.5m，垂直注气井与水平井的水平段实测最短距离为 1.8m，垂直注气井的射孔井段为油层顶部的 4m 段。第二个点火的是 FH005 井组，实际水平段长度 470m，实际钻遇油层

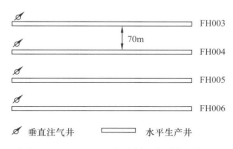

图 7-16 CAGD 试验井网部署示意图

的纵向连续厚度平均为 12.0m，垂直注气井与水平井段实测最短距离为 3.0m，垂直注气井的射孔井段为油层顶部的 5m。

### 2. FH003 井组矿场试验

FH003 井组在点火前，为建立垂直注气井与水平生产井之间的连通，进行了注蒸汽预热。其中垂直注气井采用蒸汽吞吐预热，水平井采用蒸汽循环预热。预热结束后，实施点火，点火期间注气速度为 4000m³/d，点火功率 40kW，点火器出口空气温度控制在 500～550℃，图 7-17 给出了点火及此后 30 天内水平段温度监测数据，在水平段不同位置设置了 9 个热电偶进行实时温度监测。其中 766m 处的热电偶水平段的趾端位置，761m 处热电偶从水平井趾端向跟端方向移动 5m，756m 处热电偶在向跟端方向移动 5m，前三个点是 5m 间隔，后面距离不断加大，依此类推，216m 处热电偶即位于水平井的跟端位置。从图 7-18 可以看出，在直井点火后 30 天内，水平井趾端附近的 3 个监测点的温度相继上升到 400℃以上。说明燃烧带前缘有沿水平井筒锥进的迹象。在点火生产 57 天后，水平井产出尾气中氧气含量超过 5%，确认井下发生了较严重的单向锥进。FH003 井组累计正常生产 57 天，累计产液 1450t，产油 622m³，日均产油 11m³，综合含水 56%，累计注气 120×10⁴m³，空气油比 1929m³/m³。

### 3. FH005 井组矿场试验

FH005 井组充分吸取了 FH003 井组的经验，设计点火前仍对垂直注气井实施蒸汽吞吐预热，但要降低蒸汽注入量。点火器启动之前对井筒进行清洗、注 N₂ 等作业，确保井筒中没有残余油气，避免井筒燃烧。点火期间采用低速高温模式，即将注气速度降

至 3000m³/d，点火功率提升至 50kW，点火器出口空气温度控制在 570～600℃。点火器在井下累计开启时间达到 150h，点火 7 天后确认点火成功。此后注气速度一直保持小台阶缓慢提升（图 7-19）。垂直注气井的注气速度从点火初期的 3000m³/d 逐步提高到 6200m³/d。试验过程中注气压力一直保持在 3.5MPa 左右，始终维持注、采平衡。从 FH003 和 FH005 两个井组的产油曲线看，CAGD 生产过程中产量上下波动幅度很大。这是火驱生产井的普遍规律[3]，主要是由于大气量下气、液两相交替产出造成的。从对两个井组火驱前后产出原油的 SARA 组分分析（表 7-2）看，CAGD 产出原油有明显的改质：饱和烃含量升高，芳香烃、胶质和沥青质的含量有不同程度的下降。截至 2016 年底，矿场 FH005 井组矿场试验已经稳定运行 400 天，水平井的单井产量达到 7～8m³/d，累计注气 196×10⁴m³，累计产油 1900m³，空气油比为 1032m³/m³。预计点火 800 天后注气速度将提高到 15000m³/d，水平井产量将达到 14m³/d。

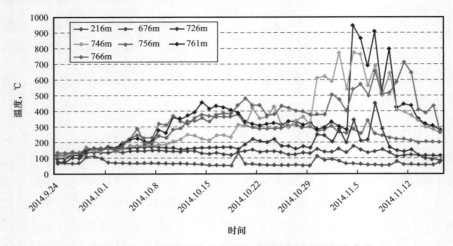

图 7-17　FH003 井组点火初期水平段测点温度变化曲线

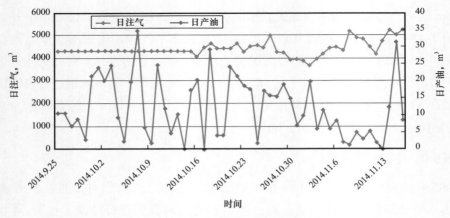

图 7-18　FH003 井组注气及产油曲线

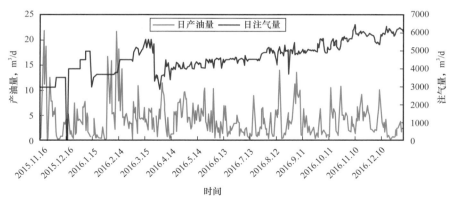

图 7-19　FH005 井组注气及产油曲线

表 7-2　先导试验井组尾气及原油族组分化验统计表

| 尾气监测 | | | 火驱前后原油 SARA 组分分析，% | | | | |
|---|---|---|---|---|---|---|---|
| | | | 族组分 | FH003 井组 | | FH005 井组 | |
| 燃烧反应相关参数 | FH003 井组 | FH005 井组 | | 火驱前 | 火驱后 | 火驱前 | 火驱后 |
| 氧气利用率，% | 98 | 98 | 饱和烃 | 48.67 | 50.87 | 43.1 | 50.24 |
| $CO_2$ 含量，% | 13.3 | 15.4 | 芳香烃 | 16.56 | 19.36 | 20.88 | 18.48 |
| 视 H/C 原子比 | 1.8 | 2.1 | 胶质 | 29.13 | 24.28 | 33.33 | 28.71 |
| $N_2/CO_2$ 比 | 5.4 | 5.2 | 沥青质 | 5.63 | 5.49 | 2.69 | 2.57 |

# 参 考 文 献

［1］张守军. 稠油火驱化学点火技术的改进［J］. 特种油气藏，2016，23（4）：140–143.

［2］袁士宝，孙希勇，蒋海岩，等. 火烧油层点火室内实验分析及现场应用［J］. 油气地质与采收率，2012，19（04）：53–55.

［3］Greaves M, Al-shamali O. In-situ Combustion（ISC）Process using Horizontal Wells［J］. Journal of Canadian Petroleum Technology, 1996, 35（04）：49–55.

# 前景展望

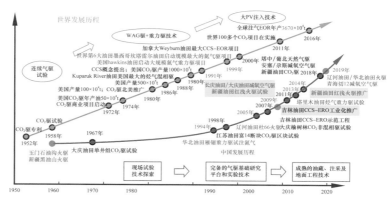

气驱发展历程

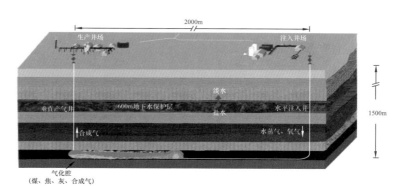

煤炭气化

# 第八章 注空气开发技术前景展望

注空气开发技术具有注入介质（空气）来源不受限制、注入成本低、驱油效率高、适应油藏类型广等特点，在低品位、特殊油田有效动用，老油田改善开发效果、提高采收率等方面，注空气驱油技术优势明显，应用前景广阔。"十四五"期间，中国石油将有序推进减氧空气重力驱和注空气线性火驱的工业化推广，加快减氧空气泡沫驱和稠油热采老区转火驱开发试验，注空气开发技术年产油 2020 年将突破 $100 \times 10^4 t$，2025 年有望达到 $300 \times 10^4 t$ 规模。

针对注空气开发的技术特点，瞄准新领域大力推动技术攻关，并配套空气压缩机和高温点火等核心装备，有效支撑注空气开发技术健康快速发展。

## 第一节　减氧空气泡沫驱技术

### 一、原理与技术优势

减氧空气泡沫驱兼具空气驱和泡沫驱的双重优势，可边调边驱；空气具有较好注入性，能进入油藏基质孔隙，有效补充地层能量；泡沫具有较好的封堵能力，同时具有较高界面活性，能扩大波及体积，提高驱油效率。主要存在三方面的技术优势：

（1）快速补充地层能量。与水相比，注入气体能够快速补充地层能量，对低渗透储层能建立有效驱替压力系统。

（2）扩大波及体积。泡沫在相对高渗透、水窜或气窜孔道形成有效的封堵作用，改变平面上注水流向，增加薄差层的吸水量，改善吸水剖面；泡沫中的气泡在压力作用下可以产生形变，进入和填塞各种结构孔隙，驱替残余油，提高微观波及体积。

（3）提高驱油效率。起泡剂本身是一种表面活性剂，能有效降低油水界面张力，改变岩石表面的润湿性；空气泡沫与原油多次接触，具有膨胀降黏和抽提作用，有利于提高驱油效率，实现封堵与驱油的协同作用。

### 二、重点攻关内容

（1）模拟油藏条件的减氧空气泡沫驱评价体系及标准研究；

（2）多孔介质中减氧空气泡沫渗流规律和驱油机理；

（3）不同类型油藏（聚合物驱后油藏、高温高盐油藏、双重介质油藏、低渗透油藏、砾岩和碳酸盐岩油藏）的低成本减氧空气泡沫驱油体系研制；

（4）减氧空气泡沫驱数值模拟技术及评价软件研究；

（5）聚合物驱后非稳态多相（聚合物稳泡剂＋表面活性剂起泡剂＋微纳米颗粒＋减氧空气）驱油技术研究；

（6）低渗透减氧空气微纳米泡沫驱技术；

（7）减氧空气泡沫驱注入工艺配套技术研究。

## 三、资源潜力

减氧空气泡沫驱适用的油藏条件范围宽，渗透率从 0.10mD 到 1500mD、从清水到矿化度高达 $27 \times 10^4$mg/L 的地层水、油藏温度从 20℃到 120℃、从稀油（0.35mPa·s）到稠油（526mPa·s）、从开发初期到特高含水期等油藏都适用。中国石油初步潜力评价表明，覆盖地质储量 $45.36 \times 10^8$t，按平均提高采收率 15% 计算，可增加可采储量 $6.80 \times 10^8$t，具有广阔的应用前景，有望发展成为新一代提高采收率主体技术。

# 第二节　非常规资源空气压裂驱油一体化技术

## 一、原理与技术优势

致密油、页岩油等新区新领域资源量大，是未来国内油田开发业务持续发展的重要接替资源。这些非常规资源主要储集在基质孔隙中，基质岩性致密，常规开采方式下几乎没有渗流能力，如何将这些致密基质中的油置换出来，如何将这些置换出来的油顺利采出是致密油、页岩油成功开发的关键。空气压裂驱油一体化技术有望成为解放此类资源潜力的核心技术，具有纳米尺度的气体分子更容易进入微小孔隙置换出原油，而体积压裂形成的复杂缝网既缩短了基质到裂缝的渗流距离，又为地层原油提供了流向井筒的流动通道；同时，空气既具有压差驱动、溶解膨胀、重力分异等气体驱油的普遍机理，又具有与原油氧化放热的特殊性，是一种高效、低成本、绿色的气体驱油介质，因此，亟待发展空气压裂驱油一体化技术。

## 二、重点攻关内容

空气压裂驱油一体化技术主要应用于干法压裂、泡沫压裂、压裂助排、注空气吞吐、同步或异步注采等方面。通过分析空气干法／泡沫压裂工况和参数需求，爆炸和腐蚀问题可控可防，最关键是压裂所需大排量、高增压空气制备的问题，压缩机成为该项技术"卡脖子"的装备，一旦此问题解决，应用前景广阔。因此，要下大力气攻关大功率、小型化的高压压缩机，以满足体积压裂所需高破裂压力（50～70MPa）、大排量（地下8～12m³/min）、橇装化的技术需求。同时，大功率、小型化的高压压缩机可以提供更大的注气能力，单台压缩机能够覆盖更多的注气井数，减少站场使用面积，提高设备利用效率，对于注空气开发技术的工业化推广具有极其重要的意义。

### 三、资源潜力

我国陆相页岩油资源潜力大，中高成熟度页岩油地质资源总量超过 $100 \times 10^8$t[1]，通过集中攻关中高成熟度高压区和常压—低压区页岩油资源，攻克高效气体增能压裂和吞吐驱油等技术，未来产量有望达到 $1000 \times 10^4$t 以上。基于目前的一体化设备现状，现阶段可用于浅井小规模泡沫压裂和压裂助排，通过攻关、试验、应用，逐步形成高效空气增能压裂和吞吐驱油一体化技术体系。

## 第三节　低渗透油藏水气分散体系驱油技术

### 一、原理与技术优势

低渗透油藏水气分散体系驱油技术是针对低渗透油藏特点，结合离子匹配水与近饱和溶解状态的减氧空气形成的特色化功能性水驱技术。离子匹配水技术以水相离子和固相表面离子交换为主要动力剥离油膜，而水气分散体系将减氧空气以近饱和溶解的状态分散在离子匹配水中所形成的特色化功能性水驱技术。主要技术优势在于：

（1）由于原油重质组分含量低，水中离子与原油作用程度减弱，通过加强匹配水与孔隙表面吸附离子的作用实现剥离油膜。

（2）近饱和溶解状态的气体在水相中基本不增加渗流阻力，在微裂缝及水流主通道部分区域，因压力突降气体析出形成分散的微气泡，微气泡使该处渗流阻力增大，迫使注入水改变渗流方向，扩大波及体积，发挥水气分散体系提高采收率作用。

### 二、重点攻关内容

研究注入介质对油藏表面的离子交换规律，确定离子匹配试剂配方；研究减氧空气近饱和溶解状态的流体驱替特性，确定最佳的溶解条件及溶解量等关键参数；攻关协同注入工艺技术，实现地面/地下不同条件的配套装置建设，为低渗透油藏水气分散体系驱油技术的推广应用提供支持。

### 三、资源潜力

中国石油年度原油产量的80%依靠注水开发，绿色、低成本的水驱提高采收率技术符合石油工业可持续发展的要求，而注水技术功能化和精细化最具技术和经济优势。截至 2019 年底，中国石油低渗透油藏水驱覆盖地质储量 80 多亿吨，2019 年产油 4000 多万吨，若采取水气分散体系驱油技术，预计采收率可提高 5～8 个百分点，增加可采储量 $4.0 \times 10^8 \sim 6.4 \times 10^8 t$。与传统提高采收率技术相比，该项技术低成本优势明显，具有广阔的应用前景。

# 第四节　稠油注空气火烧吞吐技术

## 一、原理与技术优势

稠油火烧吞吐生产过程与蒸汽吞吐类似，包括注入、焖井、回采三个阶段，注气阶段地层原油就地燃烧产生热量和烟道气，焖井阶段原油继续燃烧并最大限度消耗空气腔中的氧气，同时使热量向纵深传递，烟道气向纵深扩散和溶解，原油热裂解后可实现一定程度改质和降黏，改质和降黏的原油直接回采出来，热效率及能量利用率高，可多轮次进行，且每一轮吞吐过后，近井地带及地层平均压力下降，待地层压力降低到合理水平后，可择机转入火驱开发。主要技术优势在于：

（1）与火驱相比，见效快，容易迅速形成产能；

（2）与蒸汽吞吐相比，热效率高、成本低，生成的烟道气膨胀能力强；

（3）高压下间歇注气、压力递减，可降低工程风险和成本；

（4）可获得比火驱更高的油（空）气比[3]；

（5）较低压力下再转火驱开发，可实现较高的采收率，全过程最终采收率可达 50%～70%。

## 二、重点攻关内容

（1）分析火烧吞吐生产特征，研究合理的开发技术政策；

（2）研究火烧吞吐高温水泥固井、完井配套工艺技术；

（3）攻关适应超深油藏的可移动式电点火配套工艺技术及高温高压连续监测技术；

（4）研究适应超深油藏火烧吞吐注采一体化采油配套工艺技术；

（5）研究火烧吞吐高温高压防 $CO_2$ 及 $O_2$ 腐蚀技术。

## 三、资源潜力

对于埋藏深度为 1200～3300m 的稠油油藏，地层条件下原油黏度为 1000～100000mPa·s，天然能量开采产量极低或无产量，注蒸汽开发热效率低，含水上升快，水驱阶段采出程度低（小于 20%），继续提高采收率难度大，这部分储量在新疆油田、辽河油田和吐哈油田等都有分布，初步估算储量规模在 $2.0 \times 10^8$t，采用火烧吞吐转火驱开发，预计采收率 60%，增加可采储量 $1.2 \times 10^8$t。另外，稠油蒸汽吞吐老区，吞吐轮次高，油汽比很低，亟须转变开发方式。这部分储量在 $5.0 \times 10^8$t 规模，采用火烧吞吐预计提高采收率 30%，增加可采储量 $1.5 \times 10^8$t。因此，稠油通过火烧吞吐转火驱的开发方式，预计增加可采储量 $2.7 \times 10^8$t，将为中国石油稠油 $1000 \times 10^4$t 持续稳产提供资源保障。

## 第五节　煤炭原位气化技术

### 一、原理与技术优势

煤炭原位气化技术（ISCG：In-Situ Coal Gasification）是将地下煤层加热到燃烧点，对地下煤炭进行有控制的燃烧。它需要在煤层中钻好两口井[4]（图 8-1），彼此间隔一定距离。第一口井向地下煤层提供氧化剂（水和空气的混合物或者水和氧气的混合物），将氧化剂注入煤层中实际进行煤炭气化的位置。第二口井使得煤炭气化产生的合成气在压力的作用下溢出地面。这种合成气是一种由氢、一氧化碳、二氧化碳和甲烷组成的混合物，含有煤炭中原有约 80% 的能量。

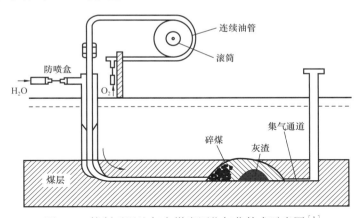

图 8-1　控制后退注气点煤炭原位气化技术示意图[1]

与传统的煤炭开采方式相比，它具有以下明显的潜在优势：

（1）可以对 1000m 以下煤层以及高灰、高硫等不宜井工开采的煤炭资源进行气化利用，大幅度提高了煤炭资源的利用率。

（2）煤炭不用开采，无需任何人员进入地下，彻底避免了煤矿井工开采的安全隐患。

（3）生产的合成气产品可以通过管道输送，解决了煤炭运输的难题，输送成本低。

（4）解决了煤炭能源开采、运输、仓储、地面气化及燃烧利用等环节的环境污染问题，基本上实现了污染物零排放。

（5）可形成一种开采煤炭资源的低碳方式。有助于以成本较低的方式捕获温室气体，温室气体可以重新注入煤层中，或注入油层，提高采收率。

## 二、重点攻关内容

基础研究包括地质评价，实体煤层燃烧、热解、气化、贯通特性及气化过程特征场的演化规律，煤层上覆岩层在高温作用下的热物性变化及冒落规律，地下煤气化污染物在燃空区的富集、迁移规律等。工程技术攻关包括地下气化连续稳定控制技术，注气点移动控制装备，煤炭地下气化安全及环保技术，污染物监控及燃空区管理技术，低成本的火区探测及气化过程分析技术，煤炭地下气化多元联产技术等。

## 三、资源潜力

中国含油气盆地煤系发育，仅超出煤炭企业井工开采深度、埋深 1000～3000m 的煤炭资源量即为 $3.77 \times 10^{12}$t，初步预计可气化煤炭折合天然气资源量为 $272 \times 10^{12}$～$332 \times 10^{12}$m³，是常规天然气资源量的 3 倍，与非常规天然气资源量的总和基本相当[2]。石油石化企业可在煤炭企业井工开采范围之外，发挥自身技术、管道、市场等一体化优势，根据不同需求和相应技术成熟度，优选路径发展煤炭地下气化业务，为中国"清洁、低碳、安全、高效"的现代能源体系建设开辟新的途径。

## 参 考 文 献

［1］ 胡素云，赵文智，侯连华，等.中国陆相页岩油发展潜力与技术对策［J］.石油勘探与开发，网络首发地址：http://kns.cnki.net/kcms/detail/11.2360.te.20200317.1805.002.html.

［2］ 关文龙，吴淑红，梁金中，等.从室内实验看火烧辅助重力泄油技术风险［J］.西南石油大学学报（自然科学版），2009，31（04）：67–72.

［3］ 梁金中，关文龙，蒋有伟，等.水平井火驱辅助重力泄油燃烧前缘展布与调控［J］.石油勘探与开发，2012，39（06）：720–727

［4］ 梁杰，王喆，梁鲲，等.煤炭地下气化技术进展与工程科技［J］.煤炭学报，2020，45（01）：393–402.

［5］ 邹才能，陈艳鹏，孔令峰，等.煤炭地下气化及对中国天然气发展的战略意义［J］.石油勘探与开发，2019，46（02）：195–204.

# 后　记

　　20 世纪 50 年代，康世恩同志亲自部署火驱专项攻关试验。1958 年 8 月 30 日，在玉门油矿石油沟油田开展了中国第一个火驱试验，随后在新疆克拉玛依油田黑油山开展了空气面积火驱试验，拉开了国内油田注空气开发的序幕。由于当时对火驱机理认识不够清楚，配套技术也不完善，火驱试验效果不甚理想。20 世纪 90 年代，中国石油天然气总公司再次展开火驱攻关。1995 年中国石油在辽河油田科尔沁庙 5 区块、2003 年中国石化在胜利油田郑王庄郑 408 区块开展了空气火驱先导试验。同样由于对火驱机理认识不足、压缩机装备达不到试验设计要求等问题，空气火驱试验没有取得成功。

　　2005 年开始，中国石油天然气集团公司设立了重大开发试验专项，开启了新一轮的火驱攻关，分别在辽河油田杜 66 区块和新疆油田红浅 1 区块开展火驱先导试验，其后又陆续开展了新疆油田风城重 18 火驱重力泄油、吐哈油田鲁克沁东 II 区火烧吞吐转火驱、辽河油田锦 91 边底水油藏火驱、华北油田蒙古林砾岩油藏火驱等一系列先导试验，重启了辽河油田科尔沁庙 5 火驱试验。这一系列试验在火驱理论、火驱基础研究、点火工艺、火线监测与调控技术、压缩机技术升级等方面都取得了重要进展，推动了空气火驱技术的快速发展。目前已在辽河油田和新疆油田开始稠油空气火驱的工业化推广，2019 年产油突破 $40 \times 10^4 t$，预计 2025 年将达到 $100 \times 10^4 t$ 规模。空气火驱技术已经成为中国石油稠油油藏大幅度提高采收率的战略接替技术。

　　与此同时，中国石油组织了中低温氧化反应和高温氧化反应、空气原油爆炸条件等专题攻关，在原油氧化特征、原油氧化表征方法、高温岩矿变化、焦炭形成机理等方面取得了重要认识，为注空气开发试验的突破和工业化推广奠定了坚实的理论基础。从 2009 年开始，中国石油先后在长庆油田五里湾、大港官 15-2 断块、吐哈鲁克沁玉东区块、华北任 9 潜山、青海尕斯库勒 $E_3^1$ 油藏和昆北切 12 区块、长庆安塞王窑中西部等油藏开展了减氧空气驱重大开发试验，推动了注空气开发技术在低渗透油藏、潜山油藏、致密油藏等的开发应用。

　　以空气为驱替介质的提高采收率技术体系，具有高效、低成本、绿色的特点，成为了低渗透、高含水、高温高盐、稠油和非常规等特殊条件油藏的战略性开发技术，目前中国石油已经开始工业化推广，2020 年产量将突破 $100 \times 10^4 t$，2025 年产量有望达到 $300 \times 10^4 t$ 规模。

　　在注空气开发技术的攻关过程中，中国石油勘探开发研究院、中国石油规划总院、中国石油相关油田公司、中油济柴成都压缩机分公司为技术的发展做出了不懈地努力；

清华大学、中国石油大学（华东）、中国石油大学（北京）、西南石油大学、成都理工大学、中国科学院兰州化学物理研究所、中国科学院大连化学物理研究所、中国膜工业协会石油石化分会等单位为注空气开发技术的进步做出了重要贡献，推动了注空气开发技术的发展。

注空气开发理论与技术的发展历经时间长、跨越专业多、涉及问题复杂，诸多问题有待进一步深入探索和研究。本书从工作层面进行了总结提炼，从理论认识方面进行了归纳升华。由于参与编写人员较多，时间仓促、水平有限，书中难免挂一漏万，误判错失，诚请广大读者批评指正。向所有支持和参与注空气开发工作和为本书的编写和出版工作做出积极贡献的单位和个人致以诚挚的谢意！

中国石油注空气开发理论与技术取得的进步只是万里长征走出的第一步，今后还将在工业化推广过程中不断完善驱油理论、关键技术及装备，将注空气开发技术打造成为中国石油提质增效的技术利器，为中国石油高质量可持续发展做出贡献！